Taschenbuch
für
Kunstfeuerwerker.

Enthaltend:

Beiträge zur Kunstfeuerwerkerei.

Ein Versuch

diese Kunst in ein rein wissenschaftlich begründetes System zu bringen

von

Carl Hoffmann,

Premier-Lieutenant in der Königl. Preuß. Artillerie und Mitglied der schlesischen Gesellschaft für vaterländische Kultur zu Breslau u. s. w.

Mit vier Steindrucktafeln.

Berlin.

Gedruckt und verlegt bei G. Reimer.

1835.

Meinem Freunde

R. S. Lindner

in Breslau,

als Erinnerung

an unsere gemeinschaftlichen Arbeiten in den Jahren 1831 und 1832.

Inhalt.

Beiträge zur Kunst- und Lustfeuerwerkerei.

Zweite Abtheilung.

Dritte Abtheilung.

Schluß.

Beiträge

zur

Kunst= oder Lustfeuerwerkerei.

Einleitung.

Wir sind weit davon entfernt zu den vielen Werken über Lustfeuerwerkerei, welche bereits, meist alle ohne sonderlichen Werth, bis auf wenige rühmliche Ausnahmen, im Publikum cursiren, eine neue Lustfeuerwerkerei zu fügen, vielmehr wollen wir in der That nichts anderes, als, wie es der Titel ausspricht, Beiträge zu dieser Kunst hier mittheilen, und zwar solche, die auf eine Vervollkommnung derselben hindeuten, und dem Feuerwerker Anleitung geben, Neues und Vorzügliches zu erfinden, und von den alten, seit Jahrhunderten bei jedem Feuerwerk immer wiederkehrenden, sogenannten Feuerwerksfiguren sich endlich unabhängig zu machen.

Die Lustfeuerwerkerei kann nicht eher auf eine durchgreifende Verbesserung rechnen, bis nicht die Grundzüge derselben auf sehr einfache

Gesetze zurückgeführt werden, die wissenschaftlich begründet sind, und die ein systematisches Bearbeiten eines Feuerwerks gestatten; bisher besteht der ganze Werth dieser Kunst in einer Sammlung von Recepten, welche mühsam zusammengestellt, dennoch nur für gewisse Fälle und unter gewissen Bedingungen zu erwünschten Resultaten führen, durchaus aber keine allgemeine Gültigkeit besitzen, und daher kommt es denn, daß der Feuerwerker nur mit vieler Mühe die alten gebräuchlichen Figuren zusammensetzen kann, da er eine große Menge Zeit und Arbeit auf weitläuftiges Probiren seiner Sätze, die fast alle auf eine höchst wunderbare, immer sehr verworrene Art zusammengesetzt sind, verwenden muß, und froh ist, wenn er endlich wenigstens einige Stücke zusammenfügt, die ohne besondere Bedeutung, nur viel Feuer geben, viel Spektakel machen, sich recht konfus durch einander drehen und endlich noch knallen; auf Neue, sinnreiche Zusammenstellungen konnte er nicht denken aus Mangel an Zeit, und weil ihm die Anleitung dazu fehlte.

Wir wollen versuchen in diesen Beiträgen eine Anleitung zur mehr geregelten Arbeit in der Lustfeuerwerkerei zu geben, und wir fühlen uns um so eher berechtigt dazu, als wir sehr viel laborirt, und zugleich den Fortschritten der Naturwissenschaft, Physik und Chemie, ihren Einfluß auf das Laboriren immer zugestanden haben, was bei den alten Laboranten eben immer versäumt worden ist. Wir glauben dadurch dem pyrotechnischen Publikum einen großen Dienst zu erweisen, und zugleich den Weg zu weitern Fortschritten in dieser, zwar etwas kostbaren, aber dennoch sehr imposanten und großartigen Kunst zu bahnen. Die Anfertigung der gewöhnlichen Feuerwerksstücke übergehen wir, da sie hinlänglich beschrieben und bekannt sind; auch die Beschreibung der verschiedenen Geräthschaften unterbleibt aus denselben Gründen; wir werden uns nur darauf einlassen, ein System für die Lustfeuerwerkerei festzustellen, und Anleitung zu geben, wie man neue Zusammenstellungen von Feuerwerksfiguren anordnen soll, so daß es dem ausübenden Feuerwerker leicht wird, nicht allein bei jedem Feuerwerk, was er ausführt, durch neue Kompositionen zu überraschen, sondern auch für besondere Zwecke die jedesmal passenden Vorstellungen zu wählen.

Die größte Verwirrung herrschte bisher noch immer in der Zusammenstellung der Feuerwerkssätze, deshalb soll die erste Abtheilung unserer Beiträge, sich mit diesem Gegenstand beschäftigen.

Nächst diesem aber wird noch immer zu wenig Aufmerksamkeit auf das Verdichten der Sätze, und die davon abhängenden regelmäßigen Brennzeiten verwendet, und wir werden hierzu in der zweiten Abtheilung Anleitung geben. Zuletzt soll eine dritte Abtheilung über das Zusammenstellen von Figuren 2c. handeln, und die Grundsätze entwickeln, nach welchen dabei zu verfahren ist.

Erste Abtheilung.

Die Feuerwerkssätze.

Als Grundlage zu allen Feuerwerkssätzen dienen: Salpeter, Schwefel und Kohle; diese drei Materialien bilden das Fundament; alle andern Stoffe, welche noch benutzt werden, haben sekundaire Zwecke, wie z. B. eine gewiße Färbung der Flamme hervorzubringen, oder ein strahlendes Feuer zu erzeugen u. s. w. Von den genannten drei Fundamental-Bestandtheilen hängt aber die Treibkraft, die Brennzeit, die Entzündlichkeit, die Feuerleitung und Verbindung ab. Es scheint uns nöthig, die wichtigsten Materialien zu Feuerwerkssätzen einer besonderen Betrachtung zu unterwerfen, und alles, was für den Zweck dieser Beiträge bemerkenswerth ist, zuerst von jedem Stoff einzeln aufzuführen, ehe wir zur Zusammensetzung der Satzmengungen selbst übergehn.

1. Der Salpeter (salpetersaures Kali, oder Kali nitricum).

Wie dieser Stoff im Handel vorkommt, ist er meist mit andern Stoffen, die seiner eigenthümlichen Wirksamkeit auf irgend eine Weise störend entgegentreten, verunreinigt; diese fremden Stoffe sind meist nicht durch absichtliche Verfälschung beigemischt, sondern sie haben sich schon bei der Erzeugung des Salpeters mit ihm verbunden, und es liegt bloß daran, daß er nicht genugsam gereinigt, oder geläutert worden, um diese fremden Bestandtheile zu entfernen. Die besonders schädliche Beimengung für die Feuerwerkssätze, und zugleich die, welche am häufigsten vorkommt, ist das gewöhnliche Kochsalz (salzsaures Natrum, oder natrum muriaticum). Man überzeugt sich auf dem einfachsten Wege, ob Kochsalz im Salpeter enthalten dadurch, daß man eine kleine Portion Salpeter in destilirtem Wasser vollständig auflöst, und zu dieser Auflösung einige Tropfen salpetersaures Silber (argentum nitricum) gießt, die Salpeterauflösung wird sogleich durch eine Wolke von Chlorsilber, was sich gebildet hat, getrübt, wenn Kochsalz darin enthalten war, ist der Salpeter frei von diesem Bestandtheil, so zeigt sich keine Trübung. Um den Salpeter vom Kochsalz zu reinigen löst man ihn mit der Hälfte seines Gewichts in kochendem Wasser auf und dampft ihn dann über gelindem Feuer so lange ab, bis sich eine Salzhaut auf der Oberfläche bildet, die aus Kochsalz besteht und weggenommen wird; der Salpeterauflösung wird dann noch $\frac{1}{48}$ des ursprünglich verwendeten Salpetergewichts, Wasser zugegossen, wodurch das noch vorhandene Kochsalz in der Lauge aufgelöst erhalten wird, und nun filtrit man sie. Wenn sie so weit abgekühlt ist, daß die Krystallisation beginnen will, wird mit einem Stabe beständig umgerührt, der Salpeter fällt dabei als ein zartes Mehl zu Boden, was man durch Filtriren von der Flüssigkeit trennt, und mit einer andern vollkommen gesättigten Salpeter-Auflösung mehrfach auswäscht; von der letzten Auflösung wird kein Salpeter mehr, wohl aber das Kochsalz, was etwa noch vorhanden ist, aufgenommen. Der größte Theil des Kochsalzes ist aber schon, theils durch die beim Kochen sich bildende Salzhaut weggenommen, theils in der Lauge, aus welcher der Salpeter in Mehlform gewonnen, zurückgeblieben. Man läßt ihn dann gut abtropfen, und trocknet ihn, am besten in Gefäßen, die durch Wasserdämpfe geheißt sind, oder wo diese Vorrichtung mangelt in einer gut geheißten Stube, auch wohl in einem nicht zu stark geheißten Backofen, oder auf der Platte eines Koch- oder Bratofens.

Andere Verunreinigungen, die noch vorkommen können, sind theils nur selten, und wenn sie vorhanden, ohne wesentlichen Einfluß auf die Feuerwerkssäße, weshalb sie unberücksichtigt bleiben. Immer ist darauf zu sehen, daß der Salpeter eine sehr reine weiße Farbe hat, was schon sehr für seine Reinheit spricht. Die Aufbewahrung des gereinigten Salpeters geschieht am besten in hölzernen Tonnen und in trockenen Lokalen, und ist ganz gefahrlos, da er nur bei Hinzutritt eines brennbaren Stoffes, der schon brennt, das heftige Fortbrennen desselben befördert, wenn die Hiße stark genug ist den Salpeter zu zerseßen.

2. Der Schwefel (sulphur citrinum).

Zu den Feuerwerkssäßen braucht man den gewöhnlichen Stangenschwefel, wie er im Handel vorkommt, und er ist als hinlänglich rein zu betrachten, wenn er eine schöne citronengelbe Farbe hat, die weder ins orange, noch ins graue spielt. Man muß deshalb beim Kauf sich immer die gleichförmig citronengelb gefärbten Stücke aussuchen, und alle anders aussehenden zurücklassen. Seine Aufbewahrung geschieht ebenfalls in Fässern, und am besten an Orten, die der Sonnenhitze nicht zu sehr ausgesetzt sind.

3. Die Kohle (Holzkohle).

Bei der Kohle ist es Hauptbedingung, daß sie gut ausgebrannt ist, und keine nur theilweise verkohlten Stücke enthält; man kann nöthigenfalls die gewöhnliche Meilerkohle brauchen, doch muß man die einzelnen Stücke sorgfältig aussuchen, und außer ihrer vollständigen Verkohlung noch darauf sehen, daß sie keine glänzende Rußflecken hat, die auf harzige Stellen hindeuten und beim Verbrennen sehr viel Dampf entwickeln. Sicherer ist es, sich die Kohle zu Lustfeuerwerkereien selbst zu bereiten, und dazu solche Holzarten, die nicht harzigen Saft enthalten, wie Faulbaum, Weide, Linde u. s. w. zu wählen, wobei es gleichgültig, ob das Holz trocken oder grün ist, nur ist zu rathen es jedesmal vor dem Schwelen von der Rinde oder Borke zu befreien. Das Kohlenschwelen geschieht am einfachsten in thönernen oder auch eisernen großen Töpfen, in welche man das Holz möglichst dicht einschichtet, damit recht viel hineinkömmt, und dann einen Deckel oder eine Stürze mit Lehm darauf klebt; ist der Lehm getrocknet, so setzt man die Gefäße in einen Ofen oder in ein in die Erde gegrabenes Loch und macht rings umher Feuer; nach nicht zu langer Zeit brennt zu den sich bildenden Ritzen in der Beklebung das aus dem Holz entweichende Gas in heller, etwas bläulich gefärbter Flamme; man kann nun das Feuer ganz schwach werden lassen, muß es jedoch unterhalten, bis keine Flamme mehr aus den Ritzen zwischen dem Deckel und Gefäß sichtbar ist; dann läßt man das Feuer ausgehen, öffnet die Gefäße jedoch nicht eher, bis sie ganz erkaltet sind, weil, wenn noch etwas Feuer darin, die Kohle beim Zutritt der Luft sich sogleich über und über entzündet und zu Asche verbrennt. Man erhält auf solche Weise eine sehr brauchbare Kohle, die man in Stücken, wie man sie durch das Schwelen erhält, in Fässern, welche sorgfältig verschlossen sind, an trocknen Orten aufbewahrt. Die Kohle in gepulvertem Zustande aufzubewahren ist durchaus nicht rathsam, da sie sich in diesem Zustande selbst entzündet, und auf solche Weise leicht Unglück entstehen kann.

4. Das chlorsaure Kali (oxidirtes salzsaures Kali, oder Kali muriaticum oxygenatum).

Dieser Stoff hat erst in der neuern Zeit Eingang in die Lustfeuerwerkerei gefunden, und obgleich seine Handhabung für den mit seinen Eigenschaften unbekannten Laien gefährlich werden kann, so ist doch bei aufmerksamer Behandlung jede Gefahr zu beseitigen, und da seine Wirkung in vielen Fällen, besonders bei einigen bunten Flammen, von entschiedener Bedeutung ist, so verdient er wohl unter die Materialien der Lustfeuerwerkssätze aufgenommen zu werden.

Das chlorsaure Kali ist, auch unter den oben angegebenen Namen, in den chemischen Fabriken und bei den Händlern mit chemischen Stoffen käuflich, und man erhält es fast immer in reinem Zustande; man überzeugt sich davon, wenn man eine geringe Quantität in destillirtem Wasser auflöst, in die Auflösung einige Tropfen concentrirtes salpetersaures Silber (dasselbe, was beim Salpeter bereits angeführt worden) gießt, und es darf nur höchstens eine schwache Trübung, aber kein bedeutender Niederschlag erfolgen. Um dieses Salz von andern, ihm äußerlich ähnlichen, die ebenfalls in der Feuerwerkerei gebraucht werden, zu unterscheiden, darf man nur eine kleine Quantität desselben mit Zucker in einer Reibschale recht heftig zusammenreiben; erfolgen kleine mit Lichtentwickelung begleitete, übrigens ganz gefahrlose, Detonationen, so hat man das richtige Salz, weil kein anderes, in der Feuerwerkerei zu benutzende, diese Eigenschaft besitzt.

Die Aufbewahrung des chlorsauren Kali muß in, mit schwarzem Papier überklebten Flaschen an dunklen trocknen Orten geschehen, damit es vom Sonnenlicht nicht getroffen wird, weil es dadurch eine Zersetzung erleidet.

5. Das kohlensaure Natrum (natrum carbonicum oder natrum praeparatum).

Dieser Stoff kommt ebenfalls wie der vorige im Handel vor, und ist selten verunreinigt; da jedoch namentlich Schwefelsäure darin enthalten sein kann, wodurch es für die Feuerwerkssätze, wenn auch nicht ganz unbrauchbar, doch minder brauchbar wird, so kann man es auf seine Reinheit prüfen, wenn man eine kleine Portion in Salpetersäure auflöst und diese Auflösung mit destillirtem Wasser sehr verdünnt; hierauf einige Tropfen einer

Auflösung von salpetersaurem Baryt hineintröpfelt; war das kohlensaure Natrum rein, so muß keine Trübung erfolgen; ob Salzsäure in dem kohlensauren Natrum enthalten, kann man, wie beim Salpeter und chlorsauren Kali durch salpetersaures Silber erfahren. Um dies Salz von andern ihm äußerlich ähnlichen zu unterscheiden, mengt man es mit etwas grauem Satz (dessen Bestandtheile später angegeben werden) recht innig in einer Reibschale zusammen und zündet das Gemenge an, welches dann, wenn man das richtige Salz gewählt, eine sehr schöne gelb gefärbte Flamme haben muß. Aufbewahrt wird das kohlensaure Natrum am besten in gut verschlossenen Glasgefäßen an trocknen Orten.

6. Der salpetersaure Strontian (strontiana nitrica).

Dieses Salz kommt wie die vorigen im Handel vor, und man prüft es dadurch, daß man etwas davon mit grauem Satz vermengt und entzündet, wobei die Flamme desselben roth brennen muß. Es wird am besten in gut verschlossenen Glasgefäßen an trocknen Orten aufbewahrt.

7. Der salpetersaure Baryt (salpetersaure Schwererde, oder baryta nitrica).

Ein im Handel vorkommendes Salz, was dadurch erkennbar ist, daß in seiner Auflösung in destillirtem Wasser, sobald man etwas Schwefelsäure zugießt ein starker weißer Niederschlag erfolgt, dagegen Salpeter- und Salzsäure die Auflösung ungetrübt lassen. Der Stoff muß mit einiger Vorsicht behandelt werden, da er giftig ist, und man bewahrt ihn ganz so wie den vorhergehenden auf.

8. Das schwefelsaure Kali (Vitriolweinstein, cali sulphuricum).

Ein im Handel vorkommendes Salz; man unterscheidet es dadurch von andern ihm äußerlich ähnlichen Salzen, daß man eine Auflösung desselben in Wasser in zwei Glasgefäße vertheilt, in das eine concentrirte Weinsäure gießt, und Acht hat, ob nach einer Weile sich ein Niederschlag gebildet; geschieht dies, so ist man überzeugt, daß man ein Kalisalz vor sich hat; in das andere Glas gießt man eine Auflösung von salpetersaurem Baryt, und es muß ebenfalls ein weißer Niederschlag erfolgen, welcher das Dasein von Schwefelsäure ankündigt; beide Untersuchungen vereint, haben für schwefelsaures Kali entschieden. Eine einfachere Probe für den Feuerwerker ist die, daß man etwas von diesem Stoffe mit einer kleinen Portion von dem weiter unten zu beschreibenden grauen Salz mengt und die Mengung entzündet; sie muß dabei eine sehr merklich blau gefärbte Farbe zeigen. Das Salz wird in gut verschlossenen Glasgefäßen aufbewahrt.

9. Das schwefelsaure Kupferoxyd-Ammoniak (Kupfersalmiak, cuprum sulphurico-ammoniatum).

Ein Salz, was meist nur in den Apotheken gut zu haben ist; es unterscheidet sich von den hier schon aufgeführten Salzen durch seine hellblaue Farbe, welche die Krystalle desselben besitzen, und man muß es in sehr gut verschlossenen Glasgefäßen aufbewahren, weil es in der Luft nach und nach zersetzt wird und seinen Ammoniakgehalt verliert; man bemerkt diese Veränderung an dem Wechsel der Farbe, indem es zuletzt ganz grün wird.

10. Das essigsaure Kupferoxyd (destillirter Grünspan, aerugo).

Es kommt im Handel vor und muß mit einiger Vorsicht behandelt werden, weil es zu den

Giften gerechnet wird. Es besteht in schönen dunkelgrünen Krystallen, und wenn man es in der Luft stark erhitzt, so entzündet es sich und brennt mit einer schönen grünen Flamme; diese Erscheinung kann man zugleich als Kennzeichen des Stoffs benutzen. Es muß wie das vorige aufbewahrt werden.

11. Das Zink (spiauter; zincum).

Ein Metall, welches jetzt sehr häufig im Handel ist; zu den Feuerwerkssätzen wählt man am besten die Abgänge von gewalztem Zinkblech, wie es zum Dachdecken u. s. w. benutzt wird, weil das gewalzte Zink meist am reinsten ist. Es ist von dem ihn äußerlich ähnlichen Metallen zu unterscheiden, wenn man es der Einwirkung von Salpetersäure (Scheidewasser) aussetzt, von welcher Blei und Zinn nur sehr langsam, kaum sichtbar angegriffen werden, während Zink außerordentlich heftig, unter Entwickelung vieler rother Dämpfe (salpetriger Säure) aufgelöst wird, wobei das Gefäß, in welchem die Auflösung geschieht, sehr schnell eine erhöhte Temperatur annimmt.

Man wendet das Zink nicht rein an, weil es schwer zu stoßen ist, sondern schmilzt es, setzt, wenn es im Fluß ist 5 p. C. Quecksilber unter beständigem Umrühren zu, und läßt es dann wieder erkalten; das Zink ist durch diese Legirung so spröde geworden, daß es sich sehr leicht im Mörser stoßen läßt, am besten bewahrt man, nicht das reine Zink, sondern die Legirung entweder in Platten, oder schon gestoßen in Schachteln auf.

12. **Das Antimon** (Spießglanz, antimonium crudum; geschwefelter Spießglanz; rohes Antimonium).

Dieser Stoff kommt im Handel vor und ist äußerlich sehr leicht an seiner krystallinischen Bildung und glänzend dunkelgrauen Farbe zu erkennen; auch ist eine Verunreinigung nicht zu erwarten, da jeder zugesetzte andere Stoff das Antimon theurer machen würde, als es an sich verkauft werden kann. Man bewahrt das Antimon entweder in Stücken, oder gestoßen in Schachteln oder Glasgefäßen auf.

Alle andern noch nöthigen Materialien zu den Feuerwerkssätzen bedürfen keiner besondern Beschreibung, da sie allgemein bekannt sind, und auch eine Verwechselung derselben nicht statt finden kann, weshalb es genügend ist, sie da, wo sie vorkommen, nur zu nennen.

Alle hier genannten Materialien werden in fein gepulvertem Zustande verwendet, mit Ausnahme der Kohle, welche man zuweilen auch in grob gestoßenem Zustande gebraucht. Den Salpeter erhält man entweder schon beim Krystallisiren, wie oben angegeben, durch beständiges Umrühren, in Mehlform, oder man mahlt ihn auf einer Mühle, die der Kaffeemühle ähnlich ist, oder man stößt ihn, nachdem er vorher getrocknet, in Mörsern; den Schwefel und die Kohle kann man ebenfalls entweder mahlen, oder stoßen, und alle diese Materialien werden dann durch ein feines Sieb gesiebt; bei der Kohle nimmt man zweierlei Siebe, mittelst deren man durch das eine die ganz fein gestoßene, durch das andere die gröblich gestoßene Kohle, letztere etwa in der Gestalt von Hirsekörnern, erhält. Alle andere Materialien, da sie meist im Verhältniß zu den drei eben genannten nur in geringer Quantität gebraucht werden, pulvert man am leichtesten in einer porzelainenen Reibeschale und siebt sie dann. — Jede Feuerwerks-Mengung, oder jeder Satz, besteht aus zwei, ihrem Zweck nach zu trennenden Theilen, nämlich aus einer brennbaren Mengung und einem Zusatz, welcher bei der entzündeten brennenden Mengung entweder eine Färbung der Flamme, oder ein strahlendes Feuer hervorbringen soll. Jener erste Theil des Satzes, die brennbare Mengung, wollen wir den Fundamentalsatz nennen; er muß die größtmöglichste Verbrennlichkeit besitzen, und er besteht fast durchgängig aus den Pulverbestandtheilen, Salpeter, Schwefel und Kohle; nur in einzelnen besonderen Fällen wird der Salpeter durch chlorsaures Kali ersetzt. Den zweiten Theil des Satzes wollen wir allgemein mit dem Ausdruck „Beimengung“ bezeichnen. Die Chemie lehrt uns, daß alle Stoffe sich nur nach gewissen Zahlenverhältnissen verbinden und nur in diesen Verhältnissen zusammengemengt die Wirkung leisten, welche ihrer Eigenthümlichkeit angemessen ist; diese Zahlen hat man die Atomen, oder Mischungsgewichte benannt, und man muß sie auch bei den Feuerwerkssätzen streng beobachten. Untersucht man, auf welche Art die Beimengungen in den Feuerwerkssätzen wirken, so ergiebt sich, daß sie durch das Feuer des Fundamentalsatzes glühend geworden und in diesem Zustande in die Flamme desselben mit fort gerissen werden, so daß sie nun durch ihre Färbung im glühenden Zustande entweder der Flamme eine bestimmte Farbe geben, oder durch ihr helles Glänzen ein strahlendes Funkenfeuer erzeugen; es ist leicht ersichtlich, daß sie zum wirklichen Verbrennen des Fundamentalsatzes nichts beitragen, und deshalb wird die nöthige Quantität dieser Beimengungen auch nur von ihren mehr oder minder färbenden rc. Eigenschaften und davon abhängen, daß durch sie das Verbrennen des Fundamentalsatzes nicht auf eine unzweckmäßige Weise gestört wird. Aus diesen Gründen läßt sich allgemein der Grundsatz aufstellen:

Der Fundamentalsatz muß immer aus seinen Bestandtheilen, nach ihren richtigen Atomengewichten gemengt werden.

Die Beimengungen werden, je nach dem Zweck, den man damit erreichen will, p. C.-weise zugesetzt, und ihre Quantität ist durch Versuche zu bestimmen.

Allgemein zerfallen alle Feuerwerkssätze wieder in zwei Hauptklassen, nämlich:

a) Sätze, welche durch ihr Verbrennen eine treibende Kraft ausüben sollen. Treibesätze.

b) Sätze, welche nur durch das Licht ihrer Flamme ohne Treibekraft wirken sollen. Flammensätze.

Die erste Gattung dieser Sätze erfordert ein heftiges rasches Brennen, wobei viel ausdehnsames Gas (kohlensaures und Kohlenoxyd-Gas) entwickelt werden muß, durch dessen Ausströmung aus einer verengten Oeffnung die Treibkraft erzeugt wird; die zweite Art der Sätze muß ein ruhiges Brennen, ohne bedeutende Gasentwickelung hervorbringen, und die Flamme darf wenig oder gar nicht gefärbt sein, am besten ist sie ganz weiß, damit sie alle absichtlichen Färbungen um so leichter annimmt, und es ist von selbst ersichtlich, daß beide Gattungen nicht ein und denselben Fundamentalsatz haben können, vielmehr wird den Treibesätzen ein raschbrennender, den Flammensätzen ein langsam brennender Fundamentalsatz als Basis dienen müssen.

Nach dieser Ansicht ist es nun nöthig zuerst die zwei Fundamentalsätze, mit denen man in der That auch für die ganze Feuerwerkerei ausreicht, festzustellen. Wenn wir bedenken, daß das Schießpulver unter allen Mengungen aus Salpeter, Schwefel und Kohle das meiste Treibvermögen besitzt, indem es die größtmöglichste Masse sehr ausdehnsamen, kohlensauren Gases entwickelt, so ist klar, daß wir ohne Bedenken dessen Bestandtheile als Fundamentalsatz für die Treibsätze annehmen können, da irgend eine nöthig werdende Verlangsamung des Brennens durch Beimengungen leicht bewirkt werden kann. Wir werden demnach zu dem ersten Fundamentalsatz, die Verhältnisse des Schießpulvers wählen, und diese sind:

1 Atomengewicht	Salpeter, oder:	203,044
1 " "	Schwefel, "	32,239
3 " "	Kohle, "	36,750
		(oder 3 mal 12,250).

Die Zahl für die Bestandtheile abgekürzt und mit Weglassung der kleinern Brüche annähernd bestimmt, giebt den gewöhnlichen preußischen Pulversatz von:

75 Theile Salpeter,
11½ " Schwefel,
13½ " Kohle.

Diesen Satz wollen wir allgemein den schwarzen Satz nennen, weil dies mit einer alten Terminologie übereinstimmt und ihn seiner Farbe nach auch gut bezeichnet.

Der zweite Fundamentalsatz, für die Flammensätze bestimmt, muß eine ruhige, also langsam brennende möglichst weiße Flamme haben, und aus Versuchen hat sich ergeben, daß dazu folgende Mengung am geeignetsten ist;

1 Atomengewicht	Salpeter, oder	203,044
2 " "	Schwefel, "	64,478
		(oder 2 mal 32,239).

Da aber diese Mengung für sich sehr schwer entzündlich ist, so giebt man ihr, um die Entzündlichkeit zu befördern noch 15 p. C. von dem schwarzen Satz als Beimengung; die Flamme wird dadurch nicht merklich gefärbt, sondern bleibt ganz weiß. Kürzt man auch diese Zahlen ab, um bequemere annähernde Zahlen zu erhalten, so ergiebt sich nachstehendes Verhältniß:

75 Theile Salpeter,
25 „ Schwefel,
15 „ schwarzer Satz,

und wir nennen diesen zweiten Fundamentalsatz aus denselben Gründen, wie bei dem vorigen angegeben, den grauen Satz.

Beide Sätze, der schwarze und der graue, bilden die Grundlage aller Feuerwerkssätze, und außerdem werden sie auch noch als Beimengungen benutzt, und zwar der graue Satz als verlangsamendes Prinzip zum schwarzen Satz, wenn man seine Heftigkeit beim Brennen mildern will; der schwarze Satz aber als die Verbrennung befördernde Prinzip zum grauen Satz, wenn er heftiger brennend werden soll.

Die Mengung dieser beiden Sätze geschieht am leichtesten in den sogenannten Mengetrommeln, wie sie für gleichen Zweck zum Pulvermengen dienen und in mehreren artilleristischen Werken ausführlich beschrieben sind; man kann sich für die

Anfertigung der Feuerwerkssätze kleinere Apparate der Art anfertigen lassen, welche aus einem um seine Axe mittelst einer oder zweier Kurbeln beweglichen Faß bestehen, dessen innere Fläche wellenförmig so ausgekehlt ist, daß die Wellen mit der Länge des Fasses gleichlaufend sind; 2 Fuß Länge und $2\frac{1}{2}$ Fuß innere Weite möchten ein bequemes Maaß abgeben. Gut ist es, wenn man ein Räderwerk daran anbringt, welches die Geschwindigkeit des Fasses so regulirt, daß es in der Minute nicht mehr als 30 Umdrehungen macht, weil bei einer größern Geschwindigkeit die Mengung nur unvollständig statt findet; auch könnte man damit ein einfaches Uhrwerk in Verbindung setzen, dessen Zifferblatt in einer verschlossenen Kapsel sich befindet, und welches die Zahl der Umdrehungen angiebt, wodurch man eine zuverlässige Kontrolle der Arbeiter erhält. Zur Mengung sind anstatt der an mehreren Orten vorgeschlagenen bronzenen Kugeln eben so gut Zinkkugeln, die man weit wohlfeiler haben kann, zu benutzen, doch ist es nicht rathsam, ihnen mehr als $\frac{1}{4}$ Zoll im Durchmesser zu geben; besser verrichten sie ihren Dienst, wenn sie noch kleiner sind.

Der Salpeter und die Kohle müssen beide vor dem Abwägen gut getrocknet werden, und dann werden die Bestandtheile alle genau abgewogen und zusammen in die Mengetrommel geschüttet; mit diesen Satz-Bestandtheilen zugleich kommt das doppelte bis dreifache Gewicht des ganzen Satzes vor den erwähnten Zinkkugeln in das Faß, und nun wird der Satz 3 Stunden ununterbrochen mit der oben angegebenen Geschwindigkeit gedreht. Sind Unterbrechungen während der Arbeit nöthig, so muß doch die Summe der Zeiträume, in welchen das Faß wirklich gedreht worden, 3 Stunden betragen; am sichersten dabei ist ein Uhrwerk, wie oben angegeben, welches die Zahl der Umdrehungen anzeigt, weil dann weder Irrthum, noch absichtliches Hintergehn eintreten kann; man läßt dann nicht eher aufhören, bis der Zeiger des Zifferblattes 5400 Umdrehungen zeigt. Nachdem diese Arbeit vollendet, wird der Satz herausgenommen und gesiebt, wobei die Zinkkugeln abgesondert werden.

Man kann sich von beiden Fundamentalsätzen bei gelegener Zeit einen großen Vorrath machen und sie in mit Papier verklebten und gut verschlossenen Fässern sehr lange Zeit aufbewahren, da sie nicht verderben, wenn sie nicht allzu großer Hitze oder Feuchtigkeit ausgesetzt sind.

Es ist allerdings nicht abzustreiten, daß der Feuerwerker alle seine Sätze vor der Anwendung erst noch probiren muß, aber jenes fortwährende Probiren, wie es die alten Feuerwerker ausüben, das ist nicht nöthig; selbst bei Ermittelung ganz neuer Sätze muß immer die Waage mehr leisten, als vieles Probiren, und wir glauben, durch unser oben angegebenes System für die Feuerwerkssätze namentlich die Ermittelung neuer Sätze sehr vereinfacht, und das Probiren und nöthige Abändern schon bekannter Sätze sehr abgekürzt zu haben, da die Fundamentalsätze vermöge ihrer richtigen chemischen Mengung auch eine sehr regelmäßige Wirkung auf einander äußern, und die nöthigen Beimengungen p. C.-weise angewendet ihren Einfluß auf das Brennen bei einer sehr geringen Zahl von Versuchen schon deutlich aussprechen müssen. Es ist hier der Ort, den Weg zu zeigen, auf welchem man die zweckmäßigsten Sätze, wenn man die Forderungen an ihr Brennen kennt, ermitteln kann, und wir wollen zu diesem Behufe zunächst die allgemeinen Wirkungen der Beimengungen auf die Flamme angeben und dann das weitere Verfahren beschreiben.

1. Der graue Satz als Beimengung macht den schwarzen Satz langsamer brennend, oder

fauler, ohne eine bemerkliche Veränderung in seiner Flamme hervorzubringen.

2. Der schwarze Satz als Beimengung macht den grauen Satz heftiger oder rascher brennend und färbt die weiße Flamme desselben sehr merklich schmutzig roth.

3. Die Kohle als Beimengung immer grob gestoßen giebt der Flamme große rothe Funken.

4. Eisenfeile (möglichst rostfrei) giebt der Flamme schöne, weißliche, stark glänzende Funken.

5. Kohlensaures Natrum färbt als Beimengung die Flamme sehr schön gelb.

6. Salpetersaurer Strontian als Beimengung giebt der Flamme eine schöne rothe Färbung; dasselbe thut Schlemmkreide, doch ist die Färbung schwächer und besonders nicht so glänzend, wie vom Strontian.

7. Salpetersaurer Baryt giebt der Flamme eine blaßgrünliche Färbung.

8. Schwefelsaures Kali als Beimengung benutzt färbt die Flamme blau.

9. Schwefelsaures Kupferoxyd-Ammoniak bewirkt ebenfalls eine blaue Färbung der Flamme, und man benutzt meist diesen und den vorhergehenden Stoff zugleich zum blauen Feuer.

10. Essigsaures Kupferoxyd ertheilt der Flamme eine schwache grünliche Färbung.
11. Zink als Beimengung benutzt giebt der Flamme eine sehr schöne und starke blaugrüne Färbung.
12. Antimon erhöht den Glanz der weissen Flamme, wenn man ihn in mäßiger Quantität beimengt.

Die von No. 3. bis 12. aufgeführten Beimengungen haben fast alle die Eigenschaft, die Heftigkeit des Satzes zu mildern, oder überhaupt den Satz an sich fauler zu machen, worauf bei ihrer Anwendung immer zu rücksichtigen ist.

Wollen wir nun irgend einen Satz ermitteln, so muß zunächst entschieden sein, ob es ein Treibesatz, oder ein Flammensatz werden soll, und es wird diese Bestimmung die Wahl des Fundamentalsatzes feststellen; nämlich für den ersten Zweck wird man den schwarzen Satz, für den zweiten Zweck den grauen Satz als Fundamentalsatz annehmen. Nach dieser Grundbestimmung entsteht eine zweite Frage über die Färbung der Flamme, und man wird zu diesem Behufe aus den obigen Stoffen den betreffenden als Beimengung wählen und ihn p. C.-weise so lange zusetzen und die Mengungen versuchsweise verbrennen, bis die Flamme in der geforderten Färbung erscheint. Um dabei einigen Anhalt über die zu verwendende Quantität der Beimengung zu haben, ist zu merken, daß alle oben aufgeführten Salze aus einer Säure und einer sogenannten Grundlage oder Basis bestehen; letztere scheint nur allein die färbende Eigenschaft zu besitzen, während die Wirkung der Säure bei dem Verbrennen der Feuerwerkssätze fast als Null erscheint. Aus diesem Grunde giebt das Atomengewicht der Grundlage dieser Salze ein Maaß für die beizumengenden Quantitäten des die Flamme färbenden Salzes an, und wenn ein Atomengewicht keine merkliche Wirkung thut, so ist ziemlich gewiß vorauszusetzen, daß gleich die doppelte Quantität u. s. w. nöthig sein wird. Es ist für die Ermittelung eines mit farbiger Flamme brennenden Satzes eine große Erleichterung, die Atomengewichte der Grundlage des zu verwendenden Salzes und ihr Verhältniß zu dem nöthigen Fundamentalsatz zu kennen, weil man dadurch wenigstens für den Anfang des Versuches einen Anhalt hat, der fast nie sehr weit von dem wahren Resultat entfernt liegt. Wir geben deshalb die für den beabsichtigten Zweck nöthigen Zahlen-Notizen in nachstehender Zusammenstellung.

Färbendes Salz oder Stoff.	Basis des Salzes.	Atomgewicht der Basis, der Wasserstoff zu 1,000 angenommen.	Verhältniß des Atomgewichts der Basis zu den Fundamentalsätzen in p. C., annäherungsweise.	
			Verhältniß zum schwarzen Satz.	Verhältniß zum grauen Satz *).
Kohlensaures Natrum.	Natrium.	46,620	17	$17\frac{3}{4}$
Salpetersaurer Strontian.	Strontium.	87,709	$32\frac{1}{4}$	$32\frac{3}{4}$
Salpetersaurer Baryt.	Barynm.	137,325	$50\frac{1}{2}$	$51\frac{1}{4}$
Schwefelsaures Kali.	Kalium.	78,515	$28\frac{3}{4}$	$29\frac{1}{4}$
Schwefelsaures Kupferoxyd-Ammoniak.	Kupfer-Ammoniak.	97,787	36	$36\frac{1}{2}$
Essigsaures Kupferoxyd.	Kupfer.	63,415	$23\frac{1}{4}$	$23\frac{3}{4}$
Zink.	Zink.	64,621	$23\frac{3}{4}$	24
Schwefel-Antimon.	Antimon.	129,234	$47\frac{1}{2}$	$48\frac{1}{4}$

*) Es ist zu bemerken, daß hier bloß die Mengung von Salpeter und Schwefel als wirkend angenommen, und die 15 p. C. schwarzer Satz nur als Beimengung betrachtet sind.

Wir haben in vorstehender Tabelle die Verhältnisse der Basen von den Salzen, welche als färbende Stoffe den Feuerwerkssätzen beigemischt werden, zu den Fundamentalsätzen nur annäherungsweise in p. C. angegeben, weil dies in der That auch ganz hinlänglich, um einen vorläufigen Anhalt zu haben, und nicht gleich zu Anfang auf's Gerathewohl hinzutappen, und wir wollen nun in unserer angefangenen Anleitung zur Ermittelung der Sätze, mit Benutzung der vorstehenden Tabelle, weiter fortfahren. Hat man gefunden, daß die in der Tabelle angegebenen p. C. des färbenden Stoffes zwar eine Färbung, aber doch für den verlangten Zweck nicht hinlänglich stark erzeugt, so fährt man mit Zusetzung von 5 zu 5 p. C. des zu färbenden Stoffes fort, bis der Zweck erreicht ist. Wir haben bereits erwähnt, daß die färbenden Stoffe als Beimengungen meist alle auch verlangsamend wirken; sollte jedoch bei Treibesätzen die Beimengung der die Flamme färbenden Salze noch nicht hinreichende Verlangsamung des schwarzen Satzes erzeugen, so mengt man noch so lange p. C.-weise grauen Satz zu, bis die nöthige Verlangsamung des Brennens erreicht ist. Bei den Flammensätzen kann der Fall vorkommen, daß durch Beimengungen, welche eine Flamme färben sollen, der Satz so weit verlangsamt wird, daß er eine Masse Schlacke beim Brennen bildet, welche ihn ganz, oder doch theilweise unwirksam macht; in diesem Falle muß man ihn durch Beimengung von schwarzem Satz verbrennlicher machen, man wird aber dann auch meistentheils genöthigt sein, den färbenden Stoff zu vermehren, weil durch den schwarzen Satz die Flamme wieder verunreinigt wird.

Dies sind die Grundzüge zur Ermittelung der Feuerwerkssätze, und um ihre Anwendung deutlicher zu machen, wollen wir sie noch an einem Beispiel erläutern. Wir nehmen an, man wollte einen Treibesatz für Raketen haben, welcher beim Aufsteigen der Rakete einen blaugrünen Strahl erzeugt. Da hier ein Treibesatz verlangt wird, so ist als Fundamentalsatz der schwarze Satz zu wählen. Die blaugrüne Färbung bringt nach unserer obigen Angabe Zink (vorher mit Quecksilber zusammengeschmolzen und fein gestoßen) hervor; in umstehender Tabelle aber ist das Verhältniß des Atomgewichts des Zinks zum schwarzen Satze mit $23\frac{3}{4}$ bezeichnet; wir werden also zuerst versuchsweise einen Satz anwenden, welcher auf 100 Loth schwarzen Satz $23\frac{3}{4}$ Loth Zink, oder auf 1 Pfund schwarzen Satz etwa $7\frac{1}{2}$ Loth Zink enthält. Mit diesem Satz wird eine Rakete geschlagen und, wenn sie fertig ist, angezündet. Zeigt sich die Färbung zu gering, oder zerspringt die Rakete, welches letztere wahrscheinlich, da der Satz noch zu heftig, so nimmt man das Doppelte von Zink, oder 15 Loth u. s. f., immer das Dreifache, Vierfache u. s. f., bis die Färbung und das Steigen der Raketen bewirkt sind. Sollte letzteres bei hinlänglicher Färbung des Strahls zu schnell erfolgen, was den Effekt vermindert, so mengt man dem Satze so lange p. C.-weise grauen Satz zu, bis die angemessene Steige-Geschwindigkeit erreicht ist. Auf ganz ähnliche Weise wird man bei Ermittelung eines farbigen Flammensatzes verfahren, indem man hier den grauen Satz als Fundamentalsatz wählt und nach der oben angegebenen Tabelle die p. C. des färbenden Salzes zusetzt. Bei allen Salzen, die als Beimengungen benutzt werden, ist aber vor dem Abwägen ein sehr scharfes Trocknen nöthig. Besonders ist dies bei dem salpetersauren Strontian und kohlensauren Natrum zu empfehlen, welches letztere man gern ausgeglüht anwendet, damit der damit vermengte Satz nicht Feuchtigkeit aus der atmosphärischen Luft anzieht.

Wir fügen hier einige Sätze bei, welche zur Lustfeuerwerkei benutzt worden sind, wobei wir jedoch bemerken müssen, daß nur die mit II. bezeichneten von uns wirklich mit der Waage in der Hand angefertigt und versucht worden sind, und zwar ganz nach dem System, wie es in diesen Blättern angegeben ist. Die Sätze ohne Bezeichnung sind von andern Laboranten verfertigt und von uns nur nach dem hier aufgestellten System berechnet worden.

I. Treibesätze.

Zu Raketen, Rädern, Fontainen rc.

1. Gewöhnlicher Treibesatz mit schmutzigrothem Funkenfeuer.

1 schwarzer Satz,
$1\frac{1}{4}$ grauer „ } als Beimengung.
$\frac{1}{4}$ grobe Kohle }

Die grobe Kohle muß hier, wie in allen Fällen, wo sie gebraucht wird, mit den Händen untergemengt werden.

Sogenannter Brillant-Satz.

a.

1 schwarzer Satz,
$\frac{3}{4}$ grauer „ } als Beimengung.
$\frac{1}{4}$ grobe Kohle }

b.

1 schwarzer Satz,
$\frac{1}{2}$ Eisenfeile, als Beimengung.

c.

1 schwarzer Satz,
$\frac{1}{4}$ grauer „ } als Beimengung.
$\frac{1}{4}$ gestoßene Gerberlohe }

Der Satz b. ist erst kurz vor dem Gebrauch anzufertigen, weil sonst die Eisenfeile zu stark rostet, und die schöne Wirkung derselben durchaus verloren geht. Auch die Eisenfeile muß, so wie alle gestoßenen Metalle, mit den Händen untergemengt werden.

Farbige Treibesätze.

1. Weißer Treibesatz.

H. { 1 schwarzer Satz,
$\frac{1}{2}$ Zinn, welches vorher mit $\frac{1}{5}$ seines Gewichts Quecksilber zusammengeschmolzen und dann gröblich gestoßen worden.

Dieser Satz darf aber erst kurz vor dem Gebrauch angefertigt werden, weil bei längerm Liegen die Flamme wieder röthlich brennt.

2. Rother Treibesatz.

H. { 1 schwarzer Satz,
$\frac{1}{16}$ Schlemmkreide,
$\frac{1}{16}$ grobe Kohle.

3. Gelber Treibesatz.

H. { 1 schwarzer Satz,
$\frac{1}{8}$ kohlensaures Natrum.

4. Dunkelgrüner Treibesatz (blaugrün).

II. { 1 schwarzer Satz,
1½ Zink, vorher mit 5 p. C. Quecksilber zusammengeschmolzen und gröblich gestoßen.

5. Hellgrüner Treibesatz.

H. { 1 schwarzer Satz,
⅛ Grünspan,
⅛ salpetersaurer Baryt.

Oder:

6.

H. { 1 schwarzer Satz,
1 Zink,
$\frac{1}{32}$ kohlensaures Natron.

Die letzten beiden Substanzen in No. 5. müssen fein gestoßen dem Satz beigemengt werden, die Flamme ist schwach hellgrün gefärbt, doch macht sich die Färbung neben einem roth brennenden Satz sehr gut bemerkbar, weshalb sie in solcher Verbindung auch nur von Wirkung ist. No. 6. ist stärker hellgrün gefärbt.

7. Blauer Treibesatz.

II. { 1 schwarzer Satz,
$\frac{3}{16}$ Alaun.

Der Alaun wird fein gestoßen dem Satz beigemengt. Auch hier ist die Färbung nicht sehr bedeutend, doch immer hinlänglich genug, um sie von andern zu unterscheiden. Ueberhaupt sind von diesen farbigen Treibesätzen nur die ersten 4 recht intensiv gefärbt, allein bei einer richtigen Zusammenstellung, wie sie später angegeben wird, sind alle hier aufgeführten Sätze sehr brauchbar.

8. Zehrungssatz zu den Bombenröhren, oder römischen Lichtern.

1 schwarzer Satz,
$\frac{2}{3}$ grobe Kohle.

II. Flammensätze.

Zu Feuerwerkslichtern, Lanzen und Fixsternen.

a. Lichter- oder Lanzen-Sätze.

1. Weißer Lichtersatz.

II. { Der reine graue Satz giebt, recht fest gestopft, die schönste weiße Flamme.

2. Rother Lichtersatz.

II. { 1 grauer Satz,
$\frac{1}{2}$ schwarzer Satz,
$\frac{1}{2}$ salpetersaurer Strontian.

Oder:

II. { 1 grauer Satz,
$\frac{1}{4}$ schwarzer Satz,
$\frac{1}{8}$ Schlemmkreide, } brennt rosafarben.

3. Gelber Lichtersatz.

H. { 1 grauer Satz,
$\frac{3}{8}$ kohlensaures Natrum.

Oder:

H. { 1 grauer Satz,
$\frac{1}{4}$ gestoßenes Hirschhorn. } brennt orangefarben.

4. Grüner Lichtersatz.

H. { 1 grauer Satz,
$\frac{1}{4}$ schwarzer Satz,
$\frac{1}{8}$ Alaun,
$\frac{1}{16}$ kohlensaures Natrum.

5. Grüner Lichtersatz.

H. { 1 grauer Satz,
$\frac{1}{4}$ Zink
$\frac{1}{16}$ Natrum carbonicum.

6. Blaugrüner Lichtersatz.

H. { 1 grauer Satz,
$\frac{1}{4}$ Zink.

7. Blauer Lichtersatz.

H. { 1 grauer Satz,
$\frac{1}{4}$ schwarzer Satz,
$\frac{1}{8}$ Alaun.

Alle diese Sätze werden in dünnen Papierhülsen möglichst fest gestopft, sollen sie dagegen zu Fixsternen dienen, müssen sie in Papierröhren stark verdichtet werden.

b. Sätze zu Leuchtkugeln oder Sternenregen.

1. Weiße Leuchtkugeln.

H.
Der bloße graue Satz, oder:
1 grauer Satz,
$\frac{1}{16}$ Antimon.

2. Rothe Leuchtkugeln.

H.
1 schwarzer Satz,
1 grauer Satz,
5 kohlensaurer Strontian.

3. Gelbe Leuchtkugeln.

H.
1 grauer Satz,
$\frac{1}{2}$ schwarzer Satz,
1 kohlensaures Natrum.

4. Blaue Leuchtkugeln.

1 chlorsaures Kali,
$\frac{1}{4}$ gepulverter Schwefel,
$\frac{1}{8}$ grauer Satz,
$\frac{3}{16}$ schwefelsaures Kali,
$\frac{3}{8}$ schwefelsaures Kupferoxyd-Ammoniak.

Oder:

H.
1 grauer Satz,
$\frac{3}{8}$ schwarzer Satz,
$\frac{1}{8}$ Alaun,

brennt zwar gut blau, aber nicht so glänzend, als der vorige Satz.

5. Grüne Leuchtkugeln.

1 chlorsaures Kali,

$1\frac{1}{20}$ gepulverter Schwefel,

$3\frac{3}{10}$ salpetersaurer Baryt.

Bei allen Sätzen, welche chlorsaures Kali enthalten, muß dieser Stoff besonders ohne Zusatz fein gerieben werden, was ganz gefahrlos ist, da er sich nur in Verbindung mit einem andern brennbaren Körper, aber nie für sich allein durch Reibung entzündet. Das gestoßene und gesiebte chlorsaure Kali wird dann mit den Händen unter die andern schon gut gemengten Materialien gerührt. Sämmtliche Sätze zu den Leuchtkugeln werden mit einer Auflösung von Mastix-Gummi in Alkohol so stark angefeuchtet, daß sie gut durchgeknetet einen derben Teig bilden, aus welchem man dann Kugeln, oder Cylinder von der erforderlichen Größe formirt, sie noch feucht mit schwarzem Satz gut einpudert und dann langsam trocknen läßt.

c. Klebsätze.

1. Weißer Klebsatz.

H. { 1 Schwefel,
$\frac{1}{16}$ Salpeter,
$\frac{1}{4}$ Aurum pigment (Operment, Schwefelgelb. Es ist dieser Stoff in den Apotheken käuflich, jedoch mit einiger Vorsicht zu gebrauchen, weil er giftig ist.)

2. Blauer Klebsatz.

H. { 1 Schwefel,
{ $\frac{1}{8}$ Grünspan.

Die andern farbigen Feuer im Klebfeuer darzustellen, wollte uns bisher noch nicht gelingen, doch sind die beiden vorstehenden sehr gut. Um sie anzufertigen, wird der Schwefel über Kohlenfeuer geschmolzen, und wenn er ganz dünnflüssig, werden die übrigen Bestandtheile eingerührt. Man kann noch etwas fein geschnittene Baumwolle zusetzen, um dem Satz mehr Zusammenhang zu geben. Die Anwendung dieser Feuer wird später angegeben werden.

Spiritusflammen.

Diese Flammen werden dargestellt, indem man in ein Gefäß große Flocken von Baumwolle legt und sie mit den hier angegebenen Auflösungen so begießt, daß die Flüssigkeit noch über der Baumwolle steht. In der Regel brennt die Flamme anfangs nicht in der Farbe, die sie haben soll, nimmt aber sehr bald die gewünschte Färbung an. Die färbenden Stoffe werden mit gutem Spiritus (Alkohol) in Flaschen übergossen, und zwar muß so viel des färbenden Stoffes angewendet werden, als der Spiritus nur immer auflösen will, wobei es gut ist, wenn noch ein starker Bodensatz bleibt, damit man gewiß von der Sättigung der Auflösung überzeugt ist. Vor dem jedesmaligen Gebrauch muß die Flüssigkeit gut umgeschüttelt werden.

Rothe Spiritusflamme giebt:

Chlorstrontian (salzsaurer Strontian); man erhält ihn in Apotheken, wo er aber in der Regel vorher bestellt werden muß.

Gelbe Spiritusflamme giebt:

Salpetersaures Natrum.

Blaue Spiritusflamme erhält man durch:

H. Alaun, oder kohlensaures Kali (Pottasche).

Orange Spiritusflamme wird erzeugt durch:

H. Chlorcalcium (salzsauren Kalk).

Violette Spiritusflamme wird sehr gut erhalten durch:

Salpeter, der aber chemisch rein sein muß.

Grünes Spiritusfeuer in sehr schöner Färbung erhält man, wenn man nachstehende Mengung in Spiritus auflöst:

H. { 2 Boraxsäure,
1 Salmiak,
1 Grünspan.

Ueber den Gebrauch der Spiritusflamme wird später berichtet werden.

Wenn man die vorstehenden Sätze näher betrachtet, so ergiebt sich bald, daß wir unserm früher ausgesprochenen Grundsatz, „daß der Kunstfeuerwerker nur die Materialien des Pulvers, nie aber das Pulver selbst zu seinen Satzmengungen benutzen soll," treu geblieben sind; auch sind nur wenige Ausnahmen da, wo die beiden Fundamentalsätze als brennbare Grundlage nicht allein ausreichten; das Pulver (Kornpulver) muß nur zu Schlägen benutzt werden, und dazu ist es allerdings unentbehrlich. Die Sätze, welche wir größtentheils erst ganz neu zusammengesetzt haben, und die mit H. bezeichnet sind, erfüllen den verlangten Zweck durchaus, doch müssen wir bemerken, daß wir alle Stoffe chemisch rein anwendeten. Sollten also sich beim Wiederversuch einige Schwierigkeiten ergeben, so liegt dies nur an der Unreinheit der Materialien, doch kann die Abweichung nie sehr groß sein, und es werden nur wenige kleine Proben dazu gehören, wenn man nach der von uns gegebenen Anleitung verfährt, um zum Ziel zu gelangen. Wenn man größere Quantitäten von Sätzen zu machen hat, so geschieht das Mengen der Materialien, mit Ausnahme derjenigen Stoffe, welche mit den Händen untergerührt werden müssen, am leichtesten und besten in der Mengetrommel, und es ist gut, als festes Maaß für die Mengezeit zwei Stunden oder 3600 Umdrehungen festzustellen; diese Zeit ist nach unsern Erfahrungen ganz hinreichend, um die nöthige Innigkeit der Mengung zu erzeugen.

Kleine Quantitäten bereiten sich gut in porzelanenen Reibeschalen.

Zweite Abtheilung.

Ueber das Verdichten und die von demselben abhängigen regelmäßigen Brennzeiten der Feuerwerkssätze.

Das Verdichten des Satzes in den Papierhülsen ist bei der Lustfeuerwerkerei von großer Wichtigkeit, weil davon hauptsächlich das richtige Zusammenbrennen der Figuren, das gleichzeitige Entzünden aller zusammengehörigen Stücke, das gleichzeitige Aufhören aller Röhren einer Figur, und endlich auch das regelmäßige Brennen des Satzes abhängt. Man hat die Verdichtung der Feuerwerkssätze bisher dadurch ausgeführt, daß man die einzelnen Satzportionen in den Papierhülsen durch eine gewisse Anzahl Schläge mit hölzernen Schlägeln zusammen schlug, und man suchte dadurch einige Gleichförmigkeit zu erreichen, daß man für die verschiedenen Kaliber die Anzahl Schläge festsetzte und die Schwere der Schlägel bestimmte; dennoch ist, selbst wenn man von einem und demselben Arbeiter alle Röhren einer Gattung schlagen läßt, wenig Gleichförmigkeit da, wie man sich durch das Abbrennen sehr leicht überzeugt, und wie es auch in der Natur der Sache liegt, da der Arbeiter es durchaus, selbst bei der größten Uebung, nicht in seiner Gewalt hat, einem Schlage dieselbe Kraft mitzutheilen, wie dem andern. Man hat die Unvollkommenheit dieser Verdichtungsart auch bereits gefühlt und bei solchen Feuerwerksstücken, die eine besonders starke und gleichförmige Verdichtung erfordern, wie z. B. die Raketen, anstatt des Schlagens aus freier Hand das Rammen eingeführt, indem man mittelst einer Rammmaschine, deren Block oder Rammbär eine bestimmte Schwere hat, und der jedesmal bis zu einer bestimmten Höhe gehoben wird, die Verdichtung des Satzes bewirkt. Es ist diese Methode allerdings geeignet, eine sehr gleichförmige Verdichtung des Satzes hervorzubringen, da die Kraft, mit welcher der Rammbär auf die Stempel fällt, immer dieselbe bleibt, indem sie von den bei der erwähnten Einrichtung unveränderlichen Größen, der Schwere des Blockes und der

Fallhöhe desselben abhängig ist, aber es ist ein anderer Uebelstand, der schon beim Schlagen vorhanden, aber bei dem Rammen noch mehr hervortritt, nicht gehoben; dies ist das starke Verstauben der trockenen Sätze, besonders solcher, die viel Kohle enthalten, wodurch nicht allein die Arbeit selbst unreinlich, unbequem, ja selbst gefährlich wird, sondern auch eine Störung in den Mengungsverhältnissen des Satzes sich erzeugt. Untersucht man weiter, wodurch die letzterwähnten Unannehmlichkeiten entstehn, so ergiebt sich leicht, daß sie durch den Stoß, mit welchem die zur Verdichtung angewendete Kraft wirkt, herbeigeführt werden, und es liegt der Gedanke sehr nahe, allen diesen Uebelständen dadurch abzuhelfen, daß man die wirkende Kraft aus der stoßenden in eine drückende verwandelt, oder überhaupt die Verdichtung des Satzes durch einen allmähligen starken Druck zu bewirken sucht. Durch solchen allmähligen Druck muß der Satz in allen Röhren, bei denen es auf gleichförmiges Brennen besonders ankommt, verdichtet werden, also in den Raketen, Treiberöhren der beweglichen Figuren, Fontainen, Brillant- und andern Röhren für feststehende größere Figuren, wie z. B. Mosaikfeuer, Sonnen, Sterne u. s. w., und wir wollen hier ein ziemlich einfaches Druckwerk beschreiben, welches aus einem System von Hebeln zusammengesetzt ist und bei sehr bedeutender Kraftäußerung ohne allzu große Kosten anzuschaffen ist, auch wenig Raum einnimmt.

AA Fig. 1. ist ein Tischgestelle von starkem Holze, mit den 3 lothrecht stehenden Ständern *B, B, B*, ebenfalls von Holz, versehen. An dem längsten Ständer ist der Hebel *ad* so angebracht, daß er bei *a* um einen Charnier beweglich; dieser Hebel ist durch den beweglichen Arm *bc* mit einem andern Hebel *ce* in Verbindung, und letzterer hat bei *n* einen um seinen Mittelpunkt beweglichen Knopf *n*, mit welchem er auf die Stempel drückt, welche in die Satzhülse des Stockes *C* zur Verdichtung des Satzes gesetzt werden. In dem niedrigsten mittlern Ständer *B* ist ein anderer Hebel *fi* um *h* beweglich, und dieser steht durch die beweglichen Stangen *df* und *eg* mit den Hebeln *ad* und *ce* in Verbindung; auf dem letzten Ständer bewegt sich der Hebel *km* um den Punkt *l* und steht mit dem Hebel *fi* durch die bewegliche Stange *ki* in Verbindung; von *m* geht eine Schnur nach dem Fußboden, und an solcher ist das Trittbrett *op* befestigt, damit ein Arbeiter mit dem Fuß den Druck der Hebel, welcher, wie aus der Zeichnung leicht zu ersehn, auf dem Stempel im Stocke

C erfolgen muß, sobald man das Ende *m* des Hebels *km* abwärts zieht, ausüben kann. Den Hebel *ce* wieder in die Höhe zu bringen, um den Stempel aus der Röhre zu ziehn und eine neue Portion Satz einzuschütten u. s. w., dient das Trittbrett *rs*, welches an dem Ende des Hebels *fi* wirkt. Der Arbeiter muß also, wie sich aus der Figur leicht ergiebt, abwechselnd mit den Füßen die beiden Trittbretter *op* und *rs* niederdrücken. Alles, was unmittelbar zu dem Hebelsystem gehört, sowohl die Hebel selbst, als ihre Verbindungsstangen, muß von Eisen sein, und in den Unterstützungspunkten muß so wenig als möglich Reibung statt finden, was theils durch die Konstruktion der Zapfen, theils durch zweckgemäßes Einschmieren bewirkt werden kann.

Macht man bei dem hier angegebenen Druckwerk die Hebelsarme der Last, *ab* und *gh*, beide gleich lang und zwar jeden 1 Zoll, *kl* aber 2 Zoll, dagegen die Hebelsarme der Kraft *bd*, *fg*, *hi* jeden 8 Zoll, *lm* aber 20 Zoll lang, so wird nach statischen Gesetzen ein Pfund Kraft an *m* angebracht mit 80 Pfd. auf den Stempel drücken, oder allgemein der Druck auf den Stempel immer 80 mal größer sein, als die zur Bewegung des Hebelsystems verwendete Kraft, und es leuchtet ein, wie man mit dieser Maschine eine sehr bedeutende Verdichtung der Feuerwerkssätze wird hervorbringen können. Es versteht sich von selbst, daß der Hebel *ce* hoch genug über der Tischplatte *AA* stehn muß, damit jede, auch die längste Röhre, welche man mit Satz füllen will, nachdem sie zuvor in den gebräuchlichen, am besten aber aus zwei durch Ringe zusammengehaltenen Hälften bestehenden Schlagestock gebracht worden, Raum hat. Zur Handhabung dieses Druckwerks werden 2 Arbeiter erforderlich sein, von denen der eine die Hebel in Bewegung setzt, der andere das Einfüllen der Satzportionen und Einsetzen der Stempel besorgt. Es würde dabei gut sein, wenn der Stock *C* leicht verschiebbar wäre, so daß er nach jedesmal vollendetem Druck auf eine Satzportion vorgeschoben werden könnte, wodurch das Herausnehmen der Stempel, Einfüllen des Satzes und Wiedereinsetzen des Stempels erleichtert würde. Die beiden Trittbretter *op* und *rs* könnten ebenfalls auch ganz wegfallen, und die Maschine mit der Hand an dem Hebelsarm *lm* bewegt werden, indem durch Abwärtsdrücken desselben der Druck ausgeübt, durch in die Höhe Heben aber der Hebel *ce* ebenfalls gehoben wird.

Nach den eben angenommenen Abmessungen würde dieses Druckwerk etwa eine Länge von 4 Fuß und eine Breite von $1\frac{1}{2}$ Fuß erhalten, also sehr wenig Raum einnehmen, und die Arbeit damit nicht allein sehr reinlich, sondern auch gefahrlos und immer mit der Aussicht auf sichern Erfolg auszuführen sein.

Mit diesem Druckwerk würden wir nun, wie oben angegeben, in allen Raketen, Treiberöhren, Fontainen u. s. w. den Satz verdichten, wobei noch besonders zu bemerken, daß auf die letzte Satzschicht immer noch eine Schicht fein gestoßenen und gesiebten Thons oder Bolus gesetzt und ebenfalls stark zusammengedrückt werden muß, weil nur dadurch auch die oberste Satzschicht hinlängliche Dichtigkeit erhält. Wo von dem Treibesatz aus eine weitere Feuerleitung nöthig wird, ist die Thon- oder Bolusschicht mit einem Löffelbohrer zu durchbohren. Zum Abmessen der Satzportionen, welche jedesmal in die Röhre kommen, kann man sich wie bisher der Satzschaufeln bedienen.

Das Schlagen aus freier Hand möchten wir nur noch bei einem einzigen Feuerwerksstück nachgeben, wo es auf so sehr große Genauigkeit nicht ankommt, nämlich bei den Schwärmern; bei diesen wird man an Zeit ersparen, wenn man sie schlägt, und wenn sie auch nicht gleichförmig brennen, so ist dabei wenig verloren. Das sogenannte Stopfen der Lanzen oder Feuerwerkslichter zu Namenszügen und andern Dekorationen kann ebenfalls auf eine zeitersparende und mehr Gleichförmigkeit gewährende Art abgeändert werden, wenn man einen eisernen Stempel, an welchem ein nicht zu schwerer Knopf, und einen Blechtrichter, dessen Tille in die Hülse paßt, und durch welche der Stempel mit einem ziemlich bedeutenden Spielraum geht, anwendet. Setzt man den Trichter in die zu stopfende Papierhülse, steckt den Stempel durch den Trichter ebenfalls hinein und schüttet den Satz in den Trichter, so stopft sich die Hülse durch gleichförmiges Auf- und Abziehen des Stempels sehr leicht, schnell und gleichmäßig fest. Man kann auch die zum Abbrennen dienenden Zündlichter auf diese Art mit viel Zeitersparniß stopfen; auch die langen Hülsen der schneckenförmig gewundenen Feuerrädchen, oder sogenannten Pastilien, werden auf diese Weise gestopft.

Zur Bestimmung der Brennzeiten der Röhren wird es immer am einfachsten sein, sich einer guten Tertien-Uhr, die mit einer Hemmung versehen, zu bedienen und die Brennzeit daran zu beobachten, indem man sie mit dem Anzünden in Gang setzt und beim Aufhören des Brennens wieder hemmt. Um aber in diese Beobachtung die möglichste Genauigkeit zu bringen, ist es nöthig, beim

Laden der Röhre unter dem Druckwerk streng darauf zu halten, daß alle Röhren gleicher Art auch gleiche Satzhöhen erhalten, weshalb die Arbeiter am Druckwerk mit genauen Maaßstäben versehen sein müssen. Hat man von jeder Gattung einige Röhren in Bezug auf die Brennzeit beobachtet, am besten von jeder Tagesfabrication eine, so zieht man aus allen Beobachtungen das arithmetische Mittel, und man erhält auf diese Weise die mittlere Brennzeit für jede Gattung Röhren. Aus dieser mittlern Brennzeit sucht man nun die Brennzeit für einen Zoll Länge von jeder Gattung, indem man durch die Satzhöhe, in Zollen ausgedrückt, die Brennzeit der ganzen Röhre theilt, und schreibt beide Zahlen auf die Röhre selbst, damit theils keine Verwechselung statt finden kann, theils eine leichte Verwendung erlangt wird. Sollen Röhren von verschiedener Gattung und von verschiedenen Brennzeiten zu gleicher Zeit an einer Feuerwerksfigur brennen, so ist es nöthig, sie auf gleiche Brennzeiten zu bringen oder zu reguliren, was dadurch geschieht, daß man von den am längsten brennenden Röhren mit einer Stahlsäge so viel abschneidet, bis sie nur noch eine Länge haben, welche eine gleiche Brennzeit mit der andern Gattung giebt. Nehmen wir z. B. an, man wollte rothe und weiße Röhren zugleich brennen lassen, die rothen hätten bei 10 Zoll Länge eine Brennzeit von $1\frac{1}{2}$ Minute, die weißen aber bei derselben Länge eine Brennzeit von 2 Minuten, so wird man die letzteren oder die weißen so weit verkürzen müssen, daß sie auch nur $1\frac{1}{2}$ Minute brennen, und man erhält ihre Länge, wenn man die einfache Proportion aufsetzt:

2 Minuten verhalten sich zu $1\frac{1}{2}$ Minute, wie 10 Zoll zu der zu suchenden Länge.

Woraus man die gesuchte Länge findet, wenn man 10 mit $1\frac{1}{2}$ multiplizirt und das Produkt durch 2 theilt, was hier $7\frac{1}{2}$ Zoll giebt.

Sollen 3 und mehrere Röhren verschiedener Gattung zugleich brennen, so wird man, um sie auf gleiche Brennzeiten zu bringen, immer die, welche die kürzeste Brennzeit hat, nach ihrer ganzen Länge anwenden und die übrigen darnach proportioniren müssen. Angenommen, es sollen 5 Röhren verschiedener Art, die wir mit I., II., III., IV. und V. bezeichnen wollen, zugleich an einer Figur brennen und auch zugleich erlöschen, d. h. sie sollen gleiche Brennzeiten haben, und bei den Proben der Fabrication hat sich ergeben, daß:

1 Zoll von No. I. genau 40 Sekunden,
1 = = = II. = 20 = =

1 Zoll von No. III. genau 32 Sekunden,
1 „ „ „ IV. „ 30 „ „
1 „ „ „ V. „ 15 „ „

brennt, und man will die Figur 2 Minuten brennend erhalten: so wird man die Röhre, welche am schnellsten brennt, also in dem gewählten Beispiel No. V., als ursprüngliches Maaß annehmen und danach die Länge der übrigen bestimmen. Die Länge von No. V. erhält man in Zollen, indem man die geforderte Brennzeit in Sekunden ausdrückt, was hier 2 mal 60 oder 120 Sekunden beträgt, und diese Zahl 120 durch die Brennzeit eines Zolls oder durch 15 getheilt, erhält man 8 Zoll, d. h. eine Röhre No. V. von 8 Zoll Länge wird 2 Minuten brennen.

Bei No. IV. ist die Brennzeit gerade doppelt so groß, als bei No. V., und man wird deshalb von dieser No. nur halb so lange, oder 4zöllige Röhren anwenden müssen.

Bei No. III. wird man die nöthige Länge erfahren, wenn man 120 Sekunden durch 32 theilt, was $3\frac{3}{4}$ Zoll für diese Gattung giebt.

Bei No. II. wird 120 durch 20 zu theilen sein, und man erhält 6 Zoll. Endlich ergiebt sich für No. I., wenn man 120 durch 40 theilt, eine Länge von 3 Zoll, so daß also für 2 Minuten

Brennzeit der ganzen Figur die oben angenommenen Röhren nachstehende Länge erhalten würden:

No. I.	wird	3	Zoll	lang.
No. II.	=	6	=	=
No. III.	=	$3\frac{3}{4}$	=	=
No. IV.	=	4	=	=
No. V.	=	8	=	=

Dies Beispiel zeigt zugleich, wie man auch die Brennzeit einer Figur bestimmen kann, und es leuchtet von selbst ein, welchen großen Nutzen die von uns angegebene Behandlung der Röhren gewährt, und wie großartige und überraschende Zusammenstellungen der Feuerwerksstücke darauf begründet werden können. Wenn nun gar nicht zu bezweifeln ist, daß durch die genaue Bestimmung der Brennzeiten der Lustfeuerwerkerei ein außerordentliches Feld für ihre Darstellungen, indem sie immer wieder Neues zu leisten im Stande ist, eröffnet wird, so läßt sich wohl erwarten, daß jeder Pyrotechniker mit Freuden alles aufbieten wird, diesen höhern Standpunkt seiner Kunst zu erreichen; und dies ist in der That nur möglich, wenn auf die Verdichtung der Sätze nach den in dieser Abtheilung angegebenen Andeutungen und auf die Mengung der Sätze nach den in der ersten Abtheilung entwickelten Grundsätzen die möglichste Aufmerksamkeit verwendet wird.

Dritte Abtheilung.

Ueber die eigentlichen Feuerwerksstücke und ihre Zusammensetzung.

Wir werden auch hier nur Dasjenige herausheben, was uns als besonders wichtig und neu erscheint, und was unserm System der Lustfeuerwerkerei, wie wir es bisher festzustellen suchten, entspricht, ohne uns in spezielle Beschreibungen derjenigen Feuerwerksstücke, welche seit dem ersten Ursprunge dieser Kunst bis auf heutige Zeit von allen Lustfeuerwerkern ohne Veränderung streng handwerksmäßig und immer wieder auf gleiche Art angefertigt worden, einzulassen, da über diese Gegenstände Bücher genug, schlechte wie gute — letztere meist die ältesten auch — vorhanden. Um aber bei unsern Betrachtungen eine geordnete Uebersicht zu erhalten, theilen wir alle Feuerwerksstücke in in 2 Klassen ein, von denen wieder jede in 2 Unterabtheilungen zerfällt, und zwar auf folgende Weise:

Feuerwerksstücke sind:	einfache	stehende und bewegliche.
	zusammengesetzte	stehende und bewegliche.

Und wir behandeln von jedem das, was einer neuen Auffassung werth ist.

Einfache Feuerwerksstücke.

a. Stehende einfache Feuerwerksstücke.

Die Bombenröhren oder römischen Lichter, ein einfaches Feuerwerksstück, dessen Wirkung wie bekannt darin besteht, daß es aufrecht stehend mit einem ruhigen Feuer brennt und von Zeit zu Zeit Leuchtkugeln oder Sterne hoch in die Luft wirft. Wir schlagen zunächst vor, die Röhren von Holz zu machen und auf 3 bis 4 Stellen etwa 3 Zoll breit mit starken Bindfaden zu bewickeln und zu leimen. Solche hölzerne Röhren kann man öfters brauchen, indem man sie, nachdem sie das erstemal abgebrannt, von Kohle reinigt und mit Gips oder Bolus ausgießt, um sie wieder auf das nöthige Kaliber zu bringen. Zu den Leuchtkugeln muß man farbige Feuer wählen, jedoch ist zu rathen, jede Bombenröhre nur mit einer Art Kugeln zu laden, weil die Ladungen zum Ausstoß der Kugeln bei den farbigen Kugeln durchschnittlich kleiner sein müssen, als bei den weißen; auch dürfen die farbigen Kugeln nicht zu strenge in die Röhre gehen, sonst werden sie beim Ausstoß leicht zertrümmert; beim Gebrauch stellt man dann mehrere Bombenröhren mit verschiedenen Sternen neben einander und entzündet sie zu gleicher Zeit. Die Sätze zu den Sternen sowohl, wie zu dem Zehrungssatze zwischen den Sternen sind oben angegeben; über die Anfertigung sind Anleitungen genug geschrieben, und wir machen nur noch darauf aufmerksam, die Bombenröhren nicht zu gewaltsam zu stopfen, damit die Leuchtkugeln nicht schon bei der Anfertigung zertrümmert werden.

Die Fontainen; einfache stehende Feuer, die nur durch ihren hohen schönen Strahl wirken, weshalb man dazu Sätze wählen muß, die ein recht strahlendes Feuer geben, am besten solche, welche Metalle enthalten. Die Papierröhren zu den Fontainen, wie zu den Treiberöhren der beweglichen Figuren, braucht man unten nicht zu würgen, sondern man nimmt in den Stock einen Untersatz, welcher einen kurzen, etwa 1½ bis 2 Zoll langen eisernen Dorn hat, der genau nach der Form des Brandloches gearbeitet ist, und ladet nun, ehe der Satz anfängt, 1 bis $1\frac{1}{2}$ Zoll hoch fein gestoßenen Thon und rothen Bolus zu gleichen Theilen gemengt unter dem Druckwerk hinein und auf diese Scheibe erst den Satz. Eine solche Thonscheibe widersteht dem Ausströmen des Feuers sehr gut, und man erspart das besonders bei starkern Hülsen sehr beschwerliche Würgen. Eine sehr schöne Fontaine erhält man auch, wenn man unter den oben angegebenen Brandsatz (a) ganz kleine Kugeln von farbigem Feuer, auf jedes Pfund Satz etwa 4 Loth oder allgemein $12\frac{1}{2}$ p. C. mengt, und die Röhren damit stopft, wobei sie jedoch eine, wenigstens dem halben Durchmesser der Röhre gleiche Brandöffnung haben müssen. Die kleinen Kugeln erhält man dadurch, daß man den teigartigen Satz zu den Sternen oder Leuchtkugeln in etwa $\frac{1}{8}$ Zoll dicke Kuchen ausbreitet und trocknen läßt, und aus diesen Kuchen erbsengroße Stücke schlägt. — Auch die Fontainen müssen, wenn sie von Wirkung sein sollen, immer gruppenweise zugleich abgebrannt werden, wobei man sie von verschiedenfarbigem Feuer durch einander stellt, jedoch alle auf gleiche Brennzeit gebracht werden.

Die Fixsterne, ein einfaches Feuerwerksstück, welches beim Brennen einen Stern bildet; man macht sie gewöhnlich aus einer Röhre, welche am vordern Ende vor dem Satz mit einer Schicht Thon verschlossen ist, und die an den Seiten dicht unter dem Thon mit 5, 6 u. s. w. Löchern, welche gleich weit von einander abstehn, versehen wird. Die aus diesen Löchern brennenden Feuerstrahlen sollen den Stern bilden, doch geschieht dies meist sehr unvollkommen, da die Löcher sich theilweise verstopfen, und zuletzt der ganze Kopf wegbrennt, und aus dem Stern ein einziger Feuerklumpen wird. Alle diese Uebelstände zu vermeiden, nehmen wir zu den Fixsternen so viel Röhren, als der Stern Strahlen haben soll, und außerdem noch eine Röhre für die Mitte oder den Kern desselben. Die Röhren für die Strahlen werden um die den Kern bildende Röhre der Länge nach angeleimt, und jede dieser Röhren erhält seitwärts ein Brandloch; die mittlere Röhre brennt aber zu ihrer Mündung gerade aus; alle Brandlöcher werden mit einer Feuerleitung verbunden. Man nimmt als Satz dazu die Lichtersätze, welche im ersten Abschnitt angegeben, ladet die Hülse jedoch unter dem Druckwerk, und man kann, wie sich von selbst versteht, alle Farben dazu wählen, wobei es von sehr guter Wirkung ist, wenn man dem Kern eine andere Farbe ertheilt, als den Strahlen, und zwar nach der Zusammenstellung, wie sie später in diesen Beiträgen angegeben. Sollen die Strahlen recht lang sein, so nimmt man anstatt der Lichtersätze die Treibesätze dazu. Gut ist es, wenn man die Hülsen vor dem Laden mit einer starken Alaunauflösung tränkt und sie dann wieder trocknet. Alle Röhren zu den Strahlen sind vor dem Satz mit einer Schicht Thon zu versehen, die zu dem Kern aber nicht.

b. Bewegliche einfache Feuerwerksstücke.

Unter den beweglichen einfachen Feuerwerksstücken steht billig die Rakete oben an. Sie gehört zu den glänzendsten Theilen des Feuerwerks, und es ist wohl ein Hauptbelag für das Stillstehen der Lustfeuerwerkerei seit ihrem ersten Entstehen bis zum heutigen Tage, daß man von Hause aus selbst bei der Rakete keine Veränderung oder doch nur solche angebracht hat, die zwar viel Arbeit verursachten, als nutzlose Spielereien aber beim wirklichen Abbrennen sich gar nicht bemerklich machten. Wirkliche Verbesserungen, die der Rakete eine erhöhte Wirkung geben, hat man erst in ganz neuer Zeit mit Glück versucht. Das Steigen der Rakete, dessen Erklärung den alten Feuerwerkern viel

Umstände gemacht hat, ist doch ganz einfach zu erklären. Denken wir uns in Fig. 2. durch die Entzündung des Raketensatzes im Innern der Rakete bei *D* eine Masse Gas entwickelt, welches sich gewaltig auszudehnen strebt, so wird, wenn die Rakete ringsum verschlossen ist, und die umschließenden Wände stark genug sind, das Gas nach allen Seiten auf die Wände drücken; und wenn wir uns diesen Druck durch die Linien *DA*, *DB*, *DC* und *DE* bezeichnet denken, so wird dem Druck von *D* nach *B* der entgegengesetzte von *D* nach *C* das Gleichgewicht halten, dem Druck von *D* nach *A* wird der Druck von *D* nach *E* das Gleichgewicht halten, und die Kraft würde also im Innern der Rakete gegenseitig aufgehoben werden, es kann deshalb nach keiner Richtung hin eine Bewegung statt finden, vielmehr wird vollkommne Ruhe eintreten. Wenn wir aber die Rakete bei *E* uns geöffnet vorstellen, wie es in der That der Fall ist, so ist zwar der Druck von *D* nach *B* und *C* im Gleichgewicht, bei *E* ist aber der Widerstand aufgehoben, welcher vorher den Druck von *D* nach *A* im Gleichgewicht erhielt, es kann also nun der Druck von *D* nach *A* frei wirken, und es muß nothwendig eine Bewegung in der Richtung nach *DA* erfolgen. Denken wir uns nun die Richtung *DA* nach oben und zugleich an die Rakete einen Stab befestigt, welcher, indem er vermöge seiner Schwere sich lothrecht zu stellen sucht und dadurch die Rakete während ihrer Bewegung immer in einer solchen Stellung erhält, es bewirkt, daß die Spitze *A* beständig nach oben gerichtet bleibt, so ist ganz natürlich, daß sie ihre Bewegung aufwärts in der einmal angenommenen Richtung fortsetzen oder steigen wird. Weil aber die Rakete mit ihrem Stabe eine ziemliche Schwere hat, welche dem aufrechten Steigen derselben entgegenwirkt, so ist es nöthig, von Hause aus eine bedeutende Menge Gas sich entwickeln zu lassen, damit die Schwere überwunden werde. Aus diesem Grunde hat man der Rakete eine Bohrung oder Seele gegeben, damit eine größere Satzfläche auf einmal in Brand geräth, und also auch mehr Gas entwickelt wird, als dies der Fall sein würde, wenn der Satz nur schichtweise in den Querschnitten senkrecht auf die Axe der Rakete fortbrennt, was bei einer Röhre ohne Bohrung statt fände.

Die Bohrung der Rakete wird seit alten Zeiten konisch gemacht, d. h. sie hat die Gestalt eines geraden Kegels, und es ist dies in der That die Form, bei welcher die regelmäßigste Zu- und Abnahme der brennenden Satzflächen, also auch der treibenden Kraft vorkommt, weshalb auch der regelmäßigste Gang der Raketen von dieser Bohrungsform zu erwarten ist. Wenn der Treibesatz der Rakete gut gemengt und gleichförmig verdichtet ist, so muß die Erweiterung der Seele während des Steigens der Rakete beständig gleichförmig statt finden, und wir können uns in Fig. 3. ein recht deutliches Bild davon machen, wenn *abc* die ursprüngliche Gestalt der Seele vorstellt. Der Satz wird dann schichtweise verbrennen, und zwar wird die brennende Fläche immer größer werden bis zu dem Punkte, wo die Spitze des Brennkegels in *d* liegt, und seine Basis *ef* aus der Durchschnittsfläche der Röhre besteht, weil bis dahin sowohl die Höhe des Brennkegels, als auch der Durchmesser seiner Grundfläche beständig im Wachsen war. Von diesem Augenblick an wird aus der Kegelform des brennenden Raumes ein sogenannter abgekürzter Kegel; die Oberfläche desselben nimmt beständig ab, da seine Höhe fortwährend geringer wird, seine untere Grundfläche gleich bleibt und nur die obere zunimmt. Wir sehen aus diesen Betrachtungen, daß die Treibkraft der Rakete in 2 Momente zerfällt, den ersten, wo ein beständiges Zunehmen, den andern, wo eben so ein fortdauerndes Abnehmen statt findet; und der Zeitpunkt des

Ueberganges aus einem Moment in den andern muß, wenn die in Fig. 3. angegebene Konstruktion angewendet worden, genau in der Hälfte der Brennzeit liegen. Soll die Rakete beim Steigen einen guten Eindruck machen, so muß sie zwar, so wie sie Feuer bekommt, abgehen, aber nicht zu rasch steigen; aus diesem Grunde muß man die Bohrung nur so groß machen, daß die durch die augenblicklich entwickelte Gasmenge erzeugte Kraft nur eben im Stande ist, die Rakete zu heben, weil das weitere Steigen sich dann von selbst findet, da ja die treibende Kraft vom Moment des Entzündens aus sogleich aufängt zu wachsen. Wenn man die Seele oder Bohrung auf diese Weise einrichtet, geht nichts von der Brennzeit für das Steigen verloren, und die Rakete erreicht eine um so größere Höhe, was für die Wirkung von großer Bedeutung.

Für das schöne gleichförmige Steigen der Rakete ist ferner die Lage des Punktes von Wichtigkeit, in welchem die mit dem Stab versehene Rakete, wenn sie unterstützt wird, im Gleichgewicht horizontal liegen bleibt — balancirt, — weshalb man ihn den Balancepunkt nennt. Man nimmt ihn allgemein außerhalb der Rakete im Stabe, nicht zu weit vom Brandloch entfernt an, und für senkrecht steigende Raketen ist diese Lage auch ganz angemessen.

Um nun zu einem richtigen Urtheil über die Anordnung der hier erläuterten Verhältnisse, die das gute Steigen der Rakete bedingen, zu gelangen, ist es noch nöthig, den Einfluß des Verbrennens auf die Lage des Balancepunktes und den Einfluß des letztern auf das Steigen der Rakete näher zu untersuchen.

Es ist keinem Zweifel unterworfen, daß die Rakete während des Steigens, da ihr Satz immer mehr und mehr ausbrennt, fortdauernd an Gewicht verlieren muß, und es ist eben so unbedenklich klar, daß dadurch der Balancepunkt sich verändern muß, da man die Rakete als einem doppelarmigen Hebel ansehen kann, in welchem der Unterstützungspunkt der Balancepunkt ist, und der Stab auf der einen, die Rakete auf der andern Seite die Arme bilden; und es ist deutlich, daß der Unterstützungspunkt hier im Stabe nach seinem Ende zu fortschreiten muß, je leichter die Rakete wird, wie bei dem zweiarmigen Hebel der Unterstützungspunkt um so weiter nach dem Ende hinrücken muß, wo das gleiche Gewicht bleibt, je mehr man das Gewicht am entgegengesetzten Ende verringert. Eben so deutlich ist aber auch, daß, je länger der eine Hebelsarm bei einem doppelarmigen Hebel wird, um desto weniger Kraft dazu gehört, abwärts zu drücken und das fortdauernde Sinken desselben (natürlich beim physischen, körperlichen, oder ganz bezeichnend praktischen Hebel) hervorzubringen. Diese erwiesenen Erscheinungen wirken auf die Rakete bedeutend ein, und von ihnen ist ihre Bahn besonders abhängig. Beim Verbrennen des Treibesatzes in der Rakete wird bis zu dem Moment, wo die treibende Kraft ihre größte Stärke erreicht hat, durch die immer zunehmende Geschwindigkeit des Steigens der Einfluß des Verrückens vom Balancepunkt nicht bemerkbar; sobald aber die Kraft abnimmt, und auch die schnellere Verrückung des Balancepunktes eintritt, machen sich die statischen Gesetze geltend, und die Rakete bekommt Uebergewicht, oder neigt sich mit der Spitze nach unten. Ist nun in diesem Augenblick noch viel Treibesatz zu verbrennen, so vereint sich die aus dem brennenden Satz entwickelte Kraft und die Schwerkraft der fallenden Rakete, und sie kommt außerordentlich schnell zu Boden und stößt meist erst kurz über der Erde, oder schon auf derselben liegend ihre Versetzung aus, eine Erscheinung, die zu den größten Fehlern gehört, aber dennoch oft genug vorkommt, wie wir sie selbst gesehen. Der hier bezeichnete Fehler entsteht nur offenbar dann, wenn die Satzhöhe *bd*, Fig. 3., welche man die Zehrung nennt, zu bedeutend ist; auch kann das zu frühe Umbucken der Rakete (was die alten Feuerwerker das Compliment nannten) durch einen verhältnißmäßig zu kurzen Stab herbeigeführt werden.

Alle hier entwickelten Einwirkungen auf das Steigen der Raketen zusammengenommen müssen über die beste Konstruktion derselben entscheiden, und wenn wir die Erfahrungen über diesen Gegenstand mit zu Hülfe nehmen, so scheinen folgende Abmessungen die besten zu sein:

	Aeußere Durchmesser der Hülse.
Länge der Raketenhülse oder Röhre . .	8
Papierstärke der Hülse	$\frac{1}{6}$
Länge der Bohrung	$4\frac{1}{3}$
Untere Weite	$\frac{1}{3}$
Obere Weite	$\frac{1}{8}$
Höhe der Zehrung	$1\frac{1}{2}$

(bei größeren Raketen nur 1 Kaliber).

Länge des Stabes . . 7 äußere Hülsenlängen.

Entfernung des Balance-Punktes vom Brandloch 3 bis 4 äußere Durchmesser der Hülse.

Ein verwirrender Umstand in der Lustfeuerwerkerei ist noch die Benennung der Röhren nach dem Gewicht von eisernen oder bleiernen Kugeln, welche mit der äußern Dicke der Röhren gleichen Durchmesser haben. Jedenfalls ist es besser und auch bestimmter, alle Röhren geradezu nach dem äußern Durchmesser zu benennen, indem man ¼-, ½-, 1-, 1½zöllige u. s. w. sagt, je nachdem ihr äußerer Durchmesser ¼, ½, 1, oder 1½ Zoll beträgt, und alle andern Abmessungen von diesem Durchmesser abhängig oder in Theilen desselben anzugeben. Die Seele der Rakete kann man auf zweierlei Art erhalten, indem man nämlich einmal die Hülse oder Röhre ganz massiv mit dem Treib-Satz ladet und sie dann auf einer Drehbank bohrt, wozu man erst einen dünnen Löffelbohrer zum Vorbohren anwendet und dann die kegelförmige Gestalt der Seele durch einen zweiten kegelförmigen oder vierseitig pyramidalischen Bohrer oder Aufräumer herstellt; oder indem man die Raketenröhre von Hause aus über einen eisernen Dorn, welcher die Gestalt der Seele hat, ladet. Das Bohren hat bei solchen Sätzen, die viel Kohle enthalten,. wie es gewöhnlich ist, große Vorzüge, weil der Treibesatz an sich fester und gleichförmiger verdichtet wird, wenn man die Rakete massiv ladet; auch hat man die Form der Seele in seiner Gewalt und kann ihre Abmessungen, wenn es nöthig wird, leicht verändern, deshalb ist es meist dem Laden über den Dorn vorzuziehn; dagegen sind solche

Raketen, deren Treibesatz metallische oder mineralische Theile enthält, durch welche beim Bohren leicht eine Feuererzeugung herbeigeführt werden könnte, nur über den Dorn zu schlagen.

Wir fügen hier noch eine Bemerkung bei, welche gewiß jedem Feuerwerker willkommen sein wird. Wenn die Raketen lange liegen, so werden sie meist etwas träger brennend, sie steigen dann nicht so hoch und bucken sehr zeitig in der Luft, so daß sie der Erde wieder ganz nahe kommen, ehe sie ausstoßen. Diesem Uebel ist sehr leicht dadurch abzuhelfen, daß man die Seele etwas tiefer bohrt und dadurch die Zehrung etwas geringer, die Brennfläche aber etwas größer macht; der Grund für diese Abhülfe ist leicht aus den früher entwickelten Gesetzen über das Steigen der Rakete abzunehmen.

Die Schlußwirkung einer steigenden Rakete macht der Ausstoß der Versetzung, die man aus mannigfachen einfachen Feuerwerkskörpern wählen kann, und die bei guter Anordnung einen sehr schönen Effekt geben. Wir wollen, was wir bemerkenswerth darüber finden, hier aufführen. Zur Aufnahme der Versetzung dient die sogenannte Kammer oder der Kopf, welcher von doppelt gekleistertem Papier $1\frac{1}{2}$ Durchmesser der Raketenröhre weit und so hoch gemacht wird, daß die Versetzung darin

Platz hat. Um sie an der Rakete zu befestigen, ist es gut, wenn man von der Rakete über der Thonscheibe noch einen Zoll von der Hülse stehn läßt und diesen Theil mit einer Würgeschnur etwas zusammenzieht; hierauf den untern Theil der Kammer an den gewürgten Hals mit Bindfaden recht fest bindet und außerdem noch anklebt (Fig. 4.). Die Durchbohrung der Thonscheibe kann man mit etwas Zündschnur ausfüllen, und auf die Thonscheibe legt man ein Polster von doppeltem Zündpapier, zwischen dessen Platten einige Körner (bei kleinem Kaliber nie über 2 Gran) Kornpulver als Ausstoß-Ladung für die Versetzung gestreut sind; auf das Polster selbst kommt die Versetzung. Die Versetzung kann allgemein folgender Art sein:

a) Flammenfeuer (Sternregen).
b) Strahlenfeuer (Schlangen).
c) Schläge.
d) Flammenfeuer und Schläge (Schlagsterne).
e) Strahlenfeuer und Schläge (Schwärmer).
f) Strahlenfeuer und Flammenfeuer (Schwärmsterne).

Wir wollen über diese verschiedenen Versetzungsarten das Wichtigste hier berichten.

a. Flammenfeuer (Sternregen).

Man wendet dazu die in der zweiten Abtheilung angegebenen Leuchtkugeln oder Sterne von verschiedener Farbe an; auch kann man schwache Papierhülsen mit einem der dort angegebenen Flammensätze zu Lichtern stopfen, sie in Stücken von 1 bis $1\frac{1}{2}''$ Länge zerschneiden und an beiden Enden mit einem Anfeuerungsbrei von Spiritus und schwarzem Satz bestreichen. Man erhält dadurch den sogenannten Sonnenregen.

b. Strahlenfeuer (Schlangen).

Man verdichtet auf die oben beschriebene Weise Papierhülsen von etwa $\frac{1}{3}$ Zoll Durchmesser mit irgend einem farbigen Treibesatz, wie sie in der zweiten Abtheilung angegeben, und verengt dabei durch Zusammenwürgen das Brandloch. Wenn diese Versetzung Wirkung machen soll, so muß man die Farbe derselben so wählen, daß sie mit der Farbe des Treibesatzes der Rakete einen recht schroffen Gegensatz bildet; sie wird deshalb auch nur bei farbigen Raketen von Eindruck sein, und besonders dann, wenn man solche versetzte Raketen mit Raketen, welche Versetzungen von Flammenfeuer haben, zugleich steigen läßt. Man kann die geladenen Hülsen auch an beiden Enden zuwürgen und dicht verschließen und sie dann an dem untern Ende seitwärts mit einem Loch anbohren, welches angefeuert wird. Sie werden dann in der Luft sich vielfach kreuzende kreisende Bewegungen machen.

c. Schläge.

Man läßt die leere Hülse der Rakete über der Thonscheibe etwa 3 bis $3\frac{1}{2}$ Kaliber stehn, füllt diesen Raum mit Kornpulver so weit, daß er oben, nachdem man einen Papierpfropf auf das Pulver gethan, noch zugewürgt, gebunden und verleimt werden kann. Diese Raketen haben wenig Effekt und sind nur zu Anfang eines Feuerwerks als Signale für die Zuschauer von einigem Werth.

d. Flammenfeuer und Schläge (Schlagsterne).

Es werden Hülsen von der Gattung wie bei b. angegeben mit irgend einem Satz, welcher ein Flammenfeuer erzeugt, geladen, wobei der Satz möglichst stark verdichtet wird; dabei wird aber die Brandöffnung nicht durch Zuwürgen verengt, sondern sie bleibt ihrem ganzen Durchmesser nach offen; etwa $\frac{2}{3}$ der Röhre werden über dem Satz mit Kornpulver gefüllt, und die Röhre selbst wird zugewürgt, gebunden und geleimt. Diese Versetzung erscheint beim Ausstoß als farbige Sterne, von denen jeder nach einiger Brennzeit mit einem Knall verlischt, und sie gehört mit zu den schönern und doch sehr einfachen Feuerwerksstücken.

e. Strahlenfeuer und Schläge (Schwärmer).

Dieses allbekannte Feuerwerksstück wollen wir nicht weiter beschreiben, sondern bemerken nur, daß man auch bei ihm die farbigen Treibesätze anwenden kann, wodurch angenehme Abwechselungen erzielt werden.

f. Strahlenfeuer und Flammenfeuer (Schwärmsterne).

Wir geben hier eine ganz neue Versetzung an, welche, soviel wir wissen, bisher noch nirgends angewendet worden, aber von einer sehr überraschenden Wirkung ist, die darin besteht, daß die Rakete Schwärmer ausstößt, welche sich in Sterne verwandeln, wobei, wie es sich von selbst versteht, alle Farben benutzt werden können. Um sie anzufertigen, ladet man eine Schwärmerhülse, welche unten ganz zugewürgt ist, erst mit etwas Thon und darauf mit irgend einem Treibesatz etwa 2 Zoll hoch und schneidet den übrigen Theil derselben dicht über dem Satz weg. An das offene Ende klebt man einen Cylinder von einfachem Papier, thut auf den

Satz einige Körner Pulver und darüber eine Platte vom einfachen Zündpapier und auf diese eine Leuchtkugel, wie sie zum Sternregen benutzt werden; über letztere zieht man das Papier zusammen, bindet es mit Zwirn fest zu und schneidet Alles, was überflüssig ist, weg; auch kann man noch eine kleine Papierplatte oben darauf kleben, damit Alles gut geschlossen ist. In den Theil der Hülse, welcher den Treibesatz enthält, bohrt man am untern Ende seitwärts über dem Thon ein Loch und feuert dasselbe an. Beim Einsetzen dieser Versetzung sowohl, als aller andern, welche seitwärts angebohrt sind, muß man die untern Enden der einzelnen Röhren mit einfachem Zündpapier umwickeln, damit die Entzündung auch sicher erfolgt. — Das Gewicht der Versetzung einer Rakete kann man allgemein zu $\frac{1}{2}$ bis $\frac{2}{3}$ des Gewichts der geladenen Rakete machen, wobei noch zu bemerken, daß den kleinern Raketen verhältnißmäßig etwas mehr an Versetzung gegeben werden kann, als den größern.

Eine sehr in die Augen fallende und schöne Erscheinung geben Leuchtkugeln, die, mit Fallschirmen versehen, sobald sie von der Rakete ausgestoßen werden, längere Zeit in der Luft stehn bleiben und nur sehr langsam zu Boden fallen; besonders effektvoll wirkt diese Versetzung der Rakete, wenn zu den Leuchtkugeln farbig brennende Sätze verwendet werden. Damit aber diese Leuchtkugeln, von denen natürlich nur eine in jede Rakete kommen kann, nicht zu klein ausfallen, muß man sie nur bei größern Raketen von 2 bis $2\frac{1}{2}$ Zoll äußerm Durchmesser oder bei den sogenannten 1pfündigen und 2pfündigen anwenden, wobei man den 2zölligen Raketen Leuchtkugeln von $\frac{1}{2}$ Pfund, und den $2\frac{1}{2}$zölligen von 1 Pfund Schwere geben kann. Die Anordnung dieser Versetzung geschieht am einfachsten und sichersten auf nachstehende Art.

Man läßt sich Büchsen von Weißblech anfertigen, welche so weit sind, daß sie bequem in die Kammer der Rakete gehn, für 2zöllige Raketen etwa $2\frac{1}{2}$ Zoll im Durchmesser und 2 Zoll hoch, für die $2\frac{1}{2}$zölligen $3\frac{1}{4}$ Zoll im Durchmesser und $2\frac{3}{4}$ Zoll hoch; sie erhalten am Deckel eine Oese von Draht, sind unten offen, jedoch am Rande etwas umgebogen und werden nirgends gelöthet, sondern überall genietet, weil das Loth beim Brennen schmilzt, und die Büchse aus einander geht; am untern Rande schlägt man durch das Blech noch einige Löcher, wodurch man feinen Draht ziehn kann. Diese Büchsen werden unter dem Druckwerk mit einem der Sätze geladen, welche in der zweiten Abtheilung für Sternfeuer oder Leuchtkugeln angegeben sind, und nachdem die untere Fläche des Satzes durch die Löcher der Büchse mit Draht sehr weitläufig bestrickt ist, wird diese Satzfläche gut angefeuert (d. h. mit einem Teig von Kornbranntwein, oder Spiritus und schwarzem Satz bestrichen); das Bestricken mit Draht soll das zu frühe Herausfallen des Satzes beim Brennen verhindern; bei hinlänglich starker Verdichtung des Satzes ist es jedoch kaum nöthig. Die Fallschirme bestehen aus weißem dünnem Kattun und sind bei den zweizölligen Raketen 2 Fuß, bei den $2\frac{1}{2}$zölligen 3 Fuß im Quadrat groß; an die 4 Ecken werden Schnüre von geflochtenem Bindfaden angenäht, welche eben so lang sind als eine Seite des Schirms, und nachdem man sie durch eine Pappscheibe, die in der Mitte ein Loch hat und so groß ist, daß sie sehr streng in die Hülse paßt, gezogen, werden alle 4 Enden so an die Oese am Boden der geladenen Blechbüchse befestigt, daß die 4 Schnüre an der Oese der Büchse bis zu den Ecken des Schirms gleiche Länge haben. Will man eine Rakete mit der oben beschriebenen Versetzung versehen, so wird, wie bei allen andern Raketen, die Thonscheibe zuerst bis auf die Zehrung durchbohrt, und, nachdem die Kammer an der Rakete befestigt, auf die Thonscheibe die Ausstoßladung, bestehend aus zwei Platten Zündpapier, zwischen welchen einige Gran Kornpulver liegen, gebracht; auf diese Ladung kommt die Leuchtbüchse mit dem angefeuerten Ende zu stehn, und über derselben wird die Pappscheibe, durch deren Mitte die Schnüre des Fallschirms gehen, fest eingedrückt, damit der Schirm nicht durch das Feuer der Ausstoßladung verbrennt; die Schnüre des Fallschirms werden kreisförmig auf der Pappscheibe zusammengelegt, und darauf wird der Schirm selbst gestopft, das Ganze aber durch eine gewöhnliche Spitzkappe geschlossen. — Bei den größern Raketen sind die schweren Stäbe in sofern sehr unangenehm, als sie bei ihrem Niederfallen, wenn sie Jemand treffen, sehr bedeutende Verletzungen herbeiführen können; diesem Uebel könnte wohl dadurch abgeholfen werden, daß man anstatt der Stäbe Röhren von Papiermaché anwendete, welche innerhalb mit Schwärmern u. s. w. geladen wären, die sich, sobald der Ausstoß der Rakete erfolgte, ebenfalls entzündeten und somit den ganzen Stab in der Luft zerschmetterten: allein dies Mittel ist zu kostbar, weshalb wir vorschlagen, die Stäbe der größern Raketen an mehrern Orten zu durchbohren und in die Löcher kleine Schläge, von Kartenblättern rollirt, mit Kornpulver gefüllt und mit dünnem Bindfaden bewickelt, und beleimt, anzubringen, diese Schläge aber durch eine verdeckte Stoppinirung, welche in einer Vertiefung auf der Rückseite des Stabes liegt, mit Doppelpapier beklebt und mit einem Kitt von Alaun, Leimwasser und Thon bestrichen ist, mit der Ausstoßladung in Verbindung zu setzen. Es werden dann, sobald der Ausstoß erfolgt, auch die kleinen Schläge sich entzünden und durch ihre Explosion den Stab in viele kleinere Stücke zersplittern, die durch ihre geringe Schwere beim Niederfallen keinen wesentlichen Schaden verursachen können.

Die Tafelraketen oder Tourbillons.

Dieses einfache Feuerwerksstück erfordert sehr genaue Arbeit, und seine Wirkung steht mit der Mühe der Anfertigung nicht ganz im Verhältniß, denn ob es gleich eine ziemlich starke Feuersäule beim Aufsteigen macht, so steigt es doch nicht hoch genug, um sehr zu imponiren. Man hat einfache und vierarmige Tourbillons; die ersten bestehn aus einer Raketenhülse, welche mit irgend einem Treibesatz geladen, an beiden Enden aber mit einer Thonscheibe verschlossen und über derselben fest zugewürgt sind. Die Hülse wird dann an jedem Ende seitwärts mit einem Loch angebohrt, doch so, daß die Löcher an entgegengesetzten Seiten stehn, und man nennt diese Löcher die Drehlöcher; außerdem erhält sie noch unten 2 bis 3 Löcher, die Steig- oder Treibelöcher; alle diese mit einander durch eine Feuerleitung verbunden, so daß sie beim Anzünden des Tourbillons alle zu gleicher Zeit in Brand gerathen. In der Mitte bindet man ein Stück Tonnenreifen, das eben so lang ist als die Röhre, so an, daß es ein rechtwinkliges Kreuz mit der Röhre bildet, und balancirt den Tourbillon in seinem Mittelpunkt. Das Balanciren wird sehr erleichtert, wenn man oben einen kleinen Schlag anbringt, welcher durch ein Loch in der Röhre, nachdem der Satz ziemlich ausgebrannt ist, entzündet wird. Man nimmt am liebsten zu den einfachen Tourbillons Röhren von $1\frac{1}{2}$ Zoll äußerm Durchmesser und giebt ihnen eine Satzhöhe von 9 Zoll.

Die vierarmigen Tourbillons bestehn aus 4 Röhren, welche auf gleiche Art wie die einfachen geladen werden, doch wird das obere Ende der Hülse nicht zugewürgt. Jede Röhre wird an dem zugewürgten Ende mit einem Drehloch und unten mit 3 bis 4 Steige- oder Treibelöchern, die auf der ganzen Länge der Röhre gleich weit vertheilt sind, versehen. Die 4 Röhren werden an eine hölzerne Nabe mit 4 Armen durch Anleimen und starke

Drahtstifte befestigt, und dann alle Löcher durch Feuerleitungen so verbunden, daß sie beim Anzünden zugleich in Brand gerathen. Man kann diese Tourbillons mit einer kleinen Büchse auf der Nabe stehend versehen, die irgend eine Versetzung enthält, welche in der Luft ausgestoßen wird. Bei dem Bohren der Brandlöcher ist sehr darauf zu sehn, daß alle Löcher recht gerade und gleich tief gebohrt werden. Um letzteres gewiß zu erreichen, versieht man den Bohrer mit einer feststehenden Scheibe, welche von der Spitze des Bohrers so weit absteht, als das Loch tief werden soll, wodurch erlangt wird, daß nie tiefer gebohrt werden kann, als es die Scheibe bezeichnet. Man giebt den Röhren zu den vierarmigen Tourbillons meist 8 Zoll Satzhöhe. Die Wirkung dieses Feuerwerksstücks besteht in einem drehenden Aufwärtssteigen desselben, wodurch eine Feuersäule, die zwar nicht sehr hoch, aber von ziemlich bedeutendem Durchmesser ist, sich erzeugt. Außerdem verursachen sie ein sehr bedeutendes Geräusch, doch ist, wie schon erwähnt, ihr Gelingen von einer sehr sorgfältigen Arbeit abhängig; die vierarmigen steigen meist besser, als die einfachen. Beim Abbrennen legt man sie auf eine sehr glatt gehobelte Tafel, die genau wagerecht liegen muß.

Der umlaufende Stab.

Das einfachste **Feuerrad** wird durch den **umlaufenden Stab** gebildet. In der Regel macht man ihn aus 2 Röhren, die ganz auf dieselbe Weise geladen und an einem Ende über der Thonscheibe zugewürgt werden, wie die Röhren zu den vierarmigen Tourbillons. Beide Röhren werden mit ihrem über der Thonscheibe offenen Ende an die in einer geraden Linie liegenden Zapfen einer hölzernen Nabe befestigt und an dem äußern Ende seitwärts mit einem Drehloch versehen. Bringt man die Drehlöcher an entgegesetzter Seite an und führt die Feuerleitung so, daß sie beide zugleich in Brand gerathen, so dreht sich der Stab, ein Feuerrad bildend, bis er ausgebrannt ist, immer nach ein und derselben Richtung herum; macht man aber die Drehlöcher beide auf ein und derselben Seite und verbindet das eine durch eine Feuerleitung mit einem Loch der andern Röhre, welches dicht an der Nabe auf den Satz gebohrt ist, und entzündet den Stab bei dem andern Drehloch, so wird er sich nur, bis eine Röhre ausgebrannt ist, nach einerlei Richtung drehn und, sobald das zweite Drehloch Feuer fängt, seine Richtung wechseln und eine der ersten entgegengesetzte annehmen. Man kann den umlaufenden Stab auch mit einem Schlage versehen, welcher sich zuletzt entzündet. Die Befestigung der Röhre an der Nabe muß sehr solide sein. Beim Abbrennen wird der umlaufende Stab auf einen eisernen Bolzen gesteckt, welcher an dem einen Ende mit einer Holzschraube versehen und mit dieser in einen aufrecht stehenden hölzernen Ständer eingeschraubt ist. Bei allen auf einen Bolzen sich drehenden Feuerwerksstücken ist es nöthig, hinter und vor die Nabe derselben bewegliche Kugelabschnitte *a*, *b* Fig. 5. von hartem Holz aufzustecken und den Bolzen selbst mit Seife einzuschmieren, damit die Reibung möglichst vermindert wird.

Die umlaufenden Stäbe kann man auch als horizontale Räder benutzen, wenn man sie auf aufrechtstehenden Bolzen laufen läßt, was besonders beim Wasserfeuerwerk auf Schwärmerfässern u. s. w. von guter Wirkung ist; überhaupt sind sie überall da, wo man einfache Feuerräder anwenden will, sehr gut zu gebrauchen und wegen ihrer leichten Anfertigungsart zu empfehlen.

Die einfachen Feuerräder.

Sie bestehn meist aus Scheiben von leichtem Holz, die in der Mitte eine Nabe, oder auch nur ein glatt gebohrtes Loch haben und vom Dreieck aufwärts eine beliebige Seitenzahl besitzen können, obgleich es rathsam ist, wenn man mehr als 6 Ecken wählt, nicht mehr volle Scheiben zu nehmen, sondern die Räder aus Nabe und Speichen zu bilden, weil sie sonst zu schwer werden. Auf die Stirnenden dieser Scheiben oder auf ihre Peripherie sind die Treibröhren angebunden, und zwar so, daß, wenn das Rad bis zu Ende sich nur nach einer Richtung bewegen soll, alle Mündungen der Treibröhren auch nach einerlei Richtung liegen, soll es aber seine Bewegung verwechseln, so werden an den Punkten, wo dieser Wechsel eintreten soll, die Mündungen der Röhren der ersten entgegengesetzt gelegt. Man kann auch zwei, drei u. s. w. Röhren auf der Peripherie an verschiedenen Stellen zu gleicher Zeit brennen lassen, wodurch das Feuer sehr verstärkt wird, jedoch muß dann die Seitenzahl des zum Gruude gelegten Vielecks immer durch die Zahl der Röhren, welche zugleich brennen sollen, ohne Rest theilbar sein. Man nennt solche Räder: Räder mit zwei, drei u. s. w. Feuern, und es muß also ein Rad, welches mit 2 Feuern brennen soll, entweder ein Viereck, oder ein Sechseck, oder ein Achteck u. s. w.; ein Rad mit 3 Feuern aber ein Dreieck, oder Sechseck, oder Neuneck u. s. w. sein. Um die Zeitdauer des Brennens zu verlängern, richtet man die Räder immer so ein, daß mehrere Röhren durch Feuerleitungen so mit einander verbunden sind, daß, sobald die eine zu Ende gebrannt ist, durch sie eine andere und durch diese, nachdem sie ebenfalls ausgebrannt ist, wieder eine dritte u. s. w. entzündet wird, und man ist dadurch im Stande, jedem Rade eine längere und kürzere Brennzeit zu geben. Bei kleinern Rädern, z. B. bei Dreiecken und Vierecken, kann man auch mehrere Treibröhren neben einander legen und sie durch Feuerleitungen so verbinden, daß immer, sobald eine Röhre ausgebrannt ist, sich eine folgende entzündet; dies ist besonders dann sehr zweckmäßig, wenn auch diese kleinen Räder mit mehrern Feuern brennen sollen. Wenn das in Fig. 6. abgebildete Dreieck nur mit einem Feuer brennen soll, so werden die Röhren *ABC*, wenn *A* zuerst angezündet wird, durch die Feuerleitungen *ab* und *cd* so verbunden, daß die Röhre *A*, so wie sie zu Ende gebrannt ist, die Röhre *B* durch die Leitung *ab*, und *B*, nachdem sie ausgebrannt, durch die Leitung *ed* die Röhre *C* entzündet; soll dasselbe Rad aber mit 3 Feuern und doch so lange brennen, als die Brennzeit zweier Treibröhren zusammen beträgt, so bindet man auf jeder Seite des Dreiecks 2 Röhren neben einander an, auf die Art, wie es in Fig. 7. angegeben, nnd stellt dabei die eine *B* mit ihrer Mündung um $1\frac{1}{2}$ bis 2 Durchmesser hinter die andere *A* zurück, damit die zuerst brennende Röhre *A* die Röhre *B* nicht gleich anfangs mit in Feuer setzt. Von der Röhre *A* wird die Feuerleitung *ab* nach der Röhre *B* geführt, welche, sobald *A* zu Ende gebrannt, *B* entzündet. Alle Röhren *A* des ganzen Rades müssen durch eine Leitung so verbunden sein, daß sie beim Anzünden derselben zugleich Feuer fangen. Auf ähnliche Weise kann man ein Viereck mit 2 Feuern anfertigen und es doch so lange, als die Brennzeit von 4 Röhren dauert, brennend erhalten, wenn man auf jeder Seite, wie Fig. 7., zwei Röhren neben einander legt und sie eben so, wie dort gezeigt worden, durch eine Feuerleitung verbindet. Die etwas zurückstehende Röhre, welche erst nach der ersten brennt, ist dann wieder durch eine Leitung mit der etwas vorstehenden Röhre der nächst folgenden Seite verbunden, wie in Fig. 8., wo *ab* die Leitung von *A* zu *B*, und *cd* die Leitung von *C* zu *D* vorstellt. Die einander gegenüberstehenden zu gleicher Zeit brennenden ersten Röhren müssen durch eine Feuerleitung zusammenhängen, so daß sie beim Anzünden zugleich Feuer fangen.

Ein sehr einfaches Feuerrad, was auch von sehr schöner Wirkung ist, wird durch die sogenannte drehende Sonne, Fig. 9., erhalten; sie besteht aus 4 Röhren, welche an einer viereckigen Nabe befestigt sind; 2 von diesen Röhren *A* und *C* sind ganz wie die Röhren zu den umlaufenden Stäben angefertigt und haben ihre Drehlöcher *a* und *e*, sie bilden die Treibröhren; die beiden andern *B* und *D* sind Fontainen, welche zu ihren vordern Brandöffnungen hinausbrennen und zur Verstärkung des Feuerkreises dienen. Die Feuerleitungen sind so angelegt, daß immer eine Treibröhre und eine Fontaine zugleich brennen, so daß, wenn die Sonne bei *a* entzündet werden soll, die Feuerleitung *ab* die Röhre *A* und *B*, und von dem Ende der Röhre *A* aus die Feuerleitungen *ce* und *cd* nach den Röhren *C* und *D* führen. Es bedarf wohl kaum der Erwähnung, daß man sowohl die Fontainen, als die Treiberöhren, wie überhaupt die Treiberöhren bei allen einfachen Rädern und selbst bei den umlaufenden Stäben, mit verschiedenfarbigem Satz laden kann, und daß man dafür zu sorgen hat, daß die zugleich brennenden Röhren auch gleiche Brennzeiten haben. Der Kaliber der Röhren zu den Rädern ist zwar willkührlich, doch wählt man nicht gern zu große Röhren dazu, besonders wegen der Kosten; 1½zöllige möchten das Maximum, und ½zöllige das Minimum abgeben.

Zusammengesetzte Feuerwerksstücke.

Jedes zusammengesetzte Feuerwerksstück besteht immer aus mehrern einfachen Stücken, die zu gleicher Zeit brennen sollen, und es kommt dabei besonders darauf an, gute Feuerleitungen anzubringen, welche theils das Feuer von dem Anzündungspunkte nach allen den Röhren, die zuerst brennen sollen, möglichst schnell oder augenblicklich hinleiten, theils von den ausgebrannten Röhren das Feuer im Augenblick des Verlöschens derselben schnell andern Röhren zuführen. Diesen Feuerleitungen, die man allgemein die Kommunikationen, auch wohl Stoppinirungen nennt, hat der Kunstfeuerwerker sehr große Aufmerksamkeit zu widmen, da von ihrer vorzüglich guten Beschaffenheit sehr wesentlich der glänzende Erfolg eines zusammengesetzten Feuerwerksstücks abhängt, und es wird am Ort sein, hier unsere Ansichten und Erfahrungen darüber zur weitern Benutzung mitzutheilen.

Die sogenannte Zündschnur oder Stoppine macht man aus baumwollnem Garn, was nicht sehr stark gedreht sein darf, und nimmt 3 bis 4 Fäden dazu; wir fanden für alle Zwecke 3 Fäden ganz hinreichend. Diese Baumwolle muß man, ehe sie in den Satzteig gebracht wird, mit einer Kalilauge (Pottasche in Wasser aufgelöst) gut auskochen und noch warm in reinem

Wasser ausspülen. Es wir dies gewöhnlich nicht gemacht, und diese Unterlassung ist Schuld, daß der Satz so leicht abbröckelt, und daß überhaupt die Fäden nicht gut durchziehn, und dann ein schlechtes Brennen eintritt. Durch dies Auskochen wird die Baumwolle von der Fettigkeit, die sie immer enthält befreit, weil alles Fett sich mit dem Kali der Lauge zu Seife verbindet und dann ausgewaschen wird. Nachdem die Baumwolle wieder getrocknet, feuchtet man sie erst mit etwas Spiritus an, und legt sie dann in einen Teig aus schwarzem Satz und Spiritus, in welchem letztern etwas Mastix aufgelöst worden. Nach 24 Stunden wird sie herausgenommen, auf eine Haspel gewickelt und noch feucht mit schwarzem Satz bepudert. Damit die Zündschnur überall gleich stark wird, zieht man sie während des Aufwickelns auf die Haspel durch ein in einem Brettchen befindliches Loch von etwa $\frac{1}{8}$ Zoll Durchmesser, wodurch aller überflüssiger Satz abgestreift wird. Sie muß langsam trocknen und beim Aufbewahren möglichst vor zu vielem Biegen gesichert werden.

Zu den Feuerleitungen wird die Zündschnur, wie bekannt, durch Papierhülsen gezogen. Von diesen Hülsen, die wir Leitungshülsen nennen, braucht man zwei Arten, die wir in Leitungshülsen erster und zweiter Art unterscheiden wollen. Die Hülsen erster Art werden aus gewöhnlichem Schreibpapier so rollirt, daß der Papierstreifen 3 mal um den Winder langt; sie sind zu allen Feuerleitungen anzuwenden, die das erste Feuer, welches die Figur unmittelbar durch das Anzünden erhält, fortleiten sollen. Die Hülsen zweiter Art werden aus Notenpapier, oder aus doppeltem Schreibpapier rollirt und, nachdem sie fertig, noch mit einer Alaunauflösung getränkt, damit sie die darin liegende Stoppine vor zu frühem Feuerfangen auf die möglichste Weise schützen. Diese Leitungen ganz unverbrennlich und somit recht sicher und ihrem Zweck angemessen einzurichten, ist es gut, sie mit einem Anstrich von sogenanntem Wasserglase (einer Verbindung von Kieselerde mit Natrum) zu versehen. Es möchte am Ort sein, sowohl die Darstellung dieses Stoffes, als die Verfertigung des zum Anstrich zu benutzenden Firnisses daraus hier näher zu beschreiben.

Man schmilzt $8\frac{3}{4}$ Loth kohlensaures Kali (Pottasche), $6\frac{3}{4}$ Loth trockne kohlensaure Soda und 19 Loth fein gepulverte Kieselerde zusammen, gießt die flüssige Masse, sobald das Schäumen nachgelassen auf eine Blechtafel aus und läßt sie erkalten, so hat man das Wasserglas dargestellt. Um den feuersichernden Firniß daraus zu bereiten, thut man in einen Kessel sechs mal so viel Wasser, als Wasserglas genommen werden soll, und läßt es kochen, bringt dann das gepulverte Wasserglas nach und nach hinein und läßt die Flüssigkeit unter beständigem Umrühren bis zur Syrupdicke einkochen, und man hat einen Firniß, welcher klar hellbraun ist und die damit angestrichenen Hülsen vollständig vor dem Verbrennen sichert. Die Hülsen zweiter Art dienen zu allen den Kommunikationen, welche das Feuer von einer ausgebrannten Röhre nach einer andern leiten sollen. Außerdem muß man noch eine Menge Leitungshülsen erster Art haben, welche an dem einen Ende weiter als an dem andern sind; man fertigt sie am besten über einen konischen eisernen Ladestock. Sie leisten bei den Kommunikationen, welche erst gemacht werden können, wenn die Figur bereits aufgestellt ist, sehr gute Dienste, weil sie sich sehr leicht zusammenfügen lassen. Zum Bekleben der zusammengefügten Enden der Leitungen, welche im Freien erst gemacht werden können, bedient man sich am besten einer etwas starken Gummi-Auflösung; sie haftet gut und erhärtet auch bald. Alle Feuerleitungen eines zusammengesetzten Stücks müssen übrigens mit derselben Farbe, mit der man das Stück selbst anstreicht, auch überstrichen werden, weil dieser Anstrich sehr zur guten Conservation beiträgt.

Ein anderer Umstand, der für den Eindruck, welchen ein Feuerwerksstück machen soll, von bedeutender Wichtigkeit ist, besteht in der richtigen Zusammenstellung der farbigen Feuer. Man klagt so oft über die geringe Wirkung der farbigen Flammen, aber es ist diese Klage, so gegründet sie öfters ist, nicht Folge der zu geringen Färbung der Flammen, sondern meist der unrichtigen Zusammenstellung derselben. Man muß die Farben immer so anwenden, daß, wenn mehrere zugleich brennen, eine von der andern gehoben wird, wenn aber eine Farbe auf die andere folgen soll, ihr Abstand oder Unterschied recht grell in die Augen fällt; und zu diesem Behufe ist der einfache dioptrische Farbenring, den wir in Fig. 10. vorgestellt haben, sehr gut zu benutzen, in welchem zunächst die 3 Grundfarben, Blau, Gelb und Roth, eingetragen, zwischen diesen aber die aus ihnen entstehenden zusammengesetzten Farben, wie zwischen Gelb und Blau das Grün, zwischen Roth und Gelb das Orange, und zwischen Blau und Roth das Violett verzeichnet sind. Von allen diesen Farben nennt man die einander gegenüberstehenden, wie z. B. Roth und Grün, Ergänzungsfarben, weil sie zusammen immer alle drei Grundfarben enthalten, nämlich Blau, Gelb und Roth, da hier Roth für sich dasteht, Grün aber aus Gelb und Blau zusammengesetzt ist; diese Ergänzungsfarben sind es, welche man zusammenstellen muß, wenn man die volle Wirkung von ihnen haben will. Demnach würde also Roth immer mit Grün, Gelb immer mit Violett, Orange immer mit Blau zusammenbrennen müssen; da aber Orange und Violett schwer zu erzeugende Flammen sind, so werden nur 2 Zusammenstellungen von Wichtigkeit sein, nämlich:

Gelb mit Blau, und
Roth mit Grün.

Weiß ist mit den dunkelsten Farben, meist Roth und zuweilen auch Blau, nie mit Gelb und Grün zusammenzustellen, weil im letztern Fall unbedingt eine Farbe an Ansehn verlieren muß.

Bei dem Wechsel von Farben-Feuer in größern zusammengesetzten Figuren ist es auch von großer Wirkung, wenn man die Zusammenstellung so ordnet, daß immer auf einen strahlenden Treibesatz ein Flammensatz, welcher mit der Ergänzungsfarbe des Treibesatzes brennt, folgt, weil dadurch der Unterschied beider Feuer noch schroffer hervortritt, wodurch der Effekt bedeutend vermehrt wird. Wir werden bei den Andeutungen zu zusammengesetzten Figuren aus stehenden und beweglichen Feuerwerksstücken am Schlusse dieses Abschnitts, auf solche Zusammenstellungen Rücksicht nehmen, doch bleibt die Hauptsache immer dem Geschmack und Scharfsinn des Feuerwerkers überlassen, der hier ein weites, fast nie zu erschöpfendes Gebiet von Kombinationen vor sich hat.

a. Zusammengesetzte stehende Feuerwerksstücke.

Das Mosaik.

Man versteht allgemein darunter ein Feuerwerksstück, welches beim Brennen die Form eines Gitterwerks darstellt, und es gehört mit zu den imposantesten Ausschmückungen eines Feuerwerks. Es können alle Arten von Treibesätze dazu verwendet werden, ebenso alle Kaliber von Röhren, und die Röhren selbst werden mit den Fontainen ganz auf gleiche Weise angefertigt, wobei, wie schon öfter bei andern Feuerwerksstücken erwähnt worden, alle Röhren, die zugleich brennen sollen, auch genau gleiche Brennzeiten haben müssen. In der Regel pflegt man noch die Fächer, welche das Mosaik bildet, in der Mitte mit andern einfachen Feuerwerksstücken, wozu sich am besten Fixsterne, oder kleine Räder (Dreiecke) eignen, auszufüllen; auch kann man das Fächerwerk selbst sich verwandeln lassen und noch mancherlei andere Veränderungen anbringen, was nach allen bisher gegebenen und den noch folgenden Erläuterungen nicht schwer fallen wird. Die Fontainen, welche die Strahlen des Mosaiks bilden sollen, werden auf Brettchen in solchen Richtungen aufgebunden, wie es die vorzustellende Figur bedingt, und die Röhren jedes Brettchens unter sich nach Erfordern stoppinirt. Diese Brettchen werden an lothrecht eingegrabenen Ständern angenagelt, und zwar müssen die Ständer so weit aus einander stehn, daß 2 einander gegenüberliegende Röhren sich beim Brennen mit ihren Strahlen der Art erreichen, daß die Spitzen der Strahlen noch etwas in einander greifen. Das Aufstellen der Ständer, wie das Annageln der Brettchen, muß mit sehr großer Sorgfalt geschehen; erstere müssen genau lothrecht stehn, von letztern alle zu einer Reihe gehörigen genau in einer wagerechten Linie liegen, weil sonst das richtige Kreuzen der Feuerstrahlen nimmermehr erreicht wird. Alle Ständer und Brettchen sind schwarz anzustreichen, was überhaupt von allen Gestalten für zusammengesetzte Stücke gilt, mit Ausnahme der Decorationen und Namenszüge, deren wir später erwähnen werden. Wenn das Mosaik aufgestellt ist, werden die einzelnen Brettchen unter sich stoppinirt und mit einer Hauptfeuerleitung, die zum

Anzünden bestimmt ist, versehn; dabei gilt als Grundsatz, daß jedes Brettchen wenigstens an zwei Punkten zugleich Feuer erhält, und von der Hauptfeuerleitung nach allen einzelnen Brettchen noch besondere Zweige ausgehen, damit selbst beim Versagen einer Leitung dennoch durch die andere Feuer anlangt. Es ist anzurathen, sich das ganze Mosaik, wie jedes andere größere Feuerstück, vor dem Aufstellen zu zeichnen und das System der Stoppinirung nach den eben angegebenen Grundsätzen deutlich hineinzutragen, damit nach dieser Zeichnung, die übrigens für spätere Fälle immer als Norm dienen kann, die Stoppinirung, sobald das Stück aufgestellt ist, ausgeführt werde.

Um unsere im Vorstehenden ausgesprochenen Ansichten noch näher zu erläutern, wollen wir ein Mosaik als Beispiel aufstellen, welches zuerst in geraden und senkrechten Vierecken, wie Fig. 13., mit rothem Feuer brennen und dann sich in ein Gitterwerk von rautenförmigen Vierecken im grünen Feuer, wie Fig. 14., verwandeln soll; in beiden Formen will man die Mitte der Vierecke mit Sternen, und zwar bei der ersten Ansicht mit 4 weißen, bei der zweiten Ansicht mit 2 gelben versehen. Wir erinnern nicht erst, daß die Ausdehnung oder Fronte der Vorstellung beliebig lang und hoch gemacht werden kann, doch möge bemerkt werden, daß es für den angenehmen Eindruck nöthig ist, die ganze Fronte immer vierseitig abzuschließen, und an den Ecken nie einzelne Strahlen in die Luft brennen zu lassen, wie wir dies wohl zuweilen bei Feuerwerken bemerkt haben; es ist eine solche zerrissene Fronte sehr störend für den Totaleindruck.

Betrachten wir nun zuerst die Brettchen mit den nöthigen Röhren, und wenden uns zu Fig. 13., welche die erste Ansicht giebt, so wird man in *a* ein Brettchen haben müssen, welches 2 Röhren enthält, wovon die eine in horizontaler Richtung nach *b*, die andere in vertikaler Richtung nach *d* hin ihren Strahl schickt; untersuchen wir nun dasselbe Brettchen in Fig. 14. bei *a*, so finden wir, daß es hier drei Röhren haben muß, wovon eine in horizontaler Richtung nach *b*, die zweite in vertikaler nach *d*, und die dritte in diagonaler Richtung nach *e* ihren Strahl versendet. Es ist einleuchtend, daß ganz auf gleiche Weise auch die Brettchen in *c*, *i* und *g* beider Figuren beschaffen sein müssen, und wir brauchen also zunächst für die Endpunkte des Mosaiks 4 Brettchen, jedes mit 2 rothen und drei grünen Röhren versehen, also im Ganzen 8 rothe und 12 grüne Röhren. Die Röhren werden auf die Brettchen so angebunden, wie es in Fig. 11. *A* gezeichnet ist, wo *a* die rothen, und *b* die grünen Röhren vorstellt.

Gehen wir nun zu den Punkten *b* in Fig. 13. und 14., so finden wir in der ersten Figur, daß 3 Röhren nöthig sind, von denen 2 in horizontaler Richtung nach *a* und *c*, eine aber in vertikaler Richtung nach *e* ausstrahlen muß; in Fig. 14. aber bedürfen wir auf demselben Punkte 4 Röhren, von denen 2 in horizontaler Richtung nach *a* und *c*, und 2 in diagonaler Richtung nach *d* und *f* hin ausströmen. Die Punkte *d*, *f* und *h* in beiden Figuren bedürfen derselben Anzahl Röhren, da sie ganz gleiche Strahlen auszusenden haben, und es sind also in den Begrenzungslinien des Mosaiks ferner 4 Brettchen, jedes mit 3 rothen und 4 grünen Röhren versehn, erforderlich, was aufs Neue 12 rothe und 16 grüne Röhren beträgt. Die Art, wie diese Röhren anzubinden sind, zeigt Fig. 11. *B* deutlich, wo wieder *a* die rothen, und *b* die grünen Röhren vorstellen. — Gehen wir nun zu dem Punkte *e* in Fig. 13., so ergiebt sich hier ein Erforderniß von 4 Röhren, welche nach den Richtungen, durch die Punkte *b*, *d*, *h* und *f* bezeichnet, brennen müssen; aber auch in Fig. 14. erfordert dieser Punkt 4 Röhren, welche nach den Richtungen *ec*, *ea*, *eg* und *ei* ihre Strahlen senden sollen, mithin ist für diesen Punkt noch ein Brettchen mit 4 rothen und 4 grünen Röhren erforderlich. Ihre Befestigung zeigt Fig. 11. *C*, und zwar wieder *a* die rothen, *b* die grünen Röhren.

Ziehen wir nun zusammen, wie viel Fontainenröhren wir überhaupt brauchen, so finden wir im Ganzen 24 Stück rothe und 32 grüne oder überhaupt 56 Fontainen.

Es bleiben uns nun noch die Röhren zu den Sternen zu bestimmen übrig. Wir werden zu der ersten Ansicht in Fig. 13. 4 Sterne mit weißem Feuer brauchen, die, wenn wir sie sechsstrahlig annehmen, 28 Röhren oder 24 Röhren mit weiß brennendem und 4 Röhren mit rothem Satz erfordern; eben so werden zu der zweiten Ansicht 2 Sterne nöthig sein, wie Fig. 14. zeigt, welche eine gleiche Anzahl Röhren bedürfen, von denen 12 gelb und 2 Stück blau brennen.

(Die rothen bei den ersten, und die blauen bei den letzten Sternen bilden den Kern.)

Als Sätze sind zu wählen:

I. Zu den Fontainen.

Zu den rothen der rothe Treibesatz, wie er in der ersten Abtheilung angegeben.

Zu den grünen der blaugrüne Treibesatz, wie er in der ersten Abtheilung angegeben.

II. Zu den Sternen.

zu den weißen Strahlen	der weiße	Lichtersatz	in der I. Abtheilung.
„ dem rothen Kern	„ rothe	„ „	
„ den gelben Strahlen	„ gelbe	„ „	
„ dem blauen Kern	„ blaue	„ „	

Die rothen Fontainen der ersten Ansicht müssen mit den Röhren der dazu gehörenden weißen Sterne gleiche Brennzeiten haben; eben so müssen die Brennzeiten der grünen Fontainen zur zweiten Ansicht mit den Röhren der dazu gehörenden gelben Sterne gleich sein.

Wir wollen nun die Stoppinirung des Mosaiks beschreiben, und zwar müssen wir diese Arbeit in 2 Abtheilungen abhandeln, nämlich zuerst die Stoppinirung der Röhren unter sich an den einzelnen Brettchen; dann die Stoppinirung der Brettchen unter sich und mit der zum Anzünden bestimmten Hauptfeuerleitung nach dem Aufstellen des Feuerwerkstücks.

Zur Erläuterung der ersten Stoppinirung dienen die Figuren 11. *A*, *B* und *C*. Die Röhren *a a*, welche die erste Ansicht darstellen, werden unter sich durch die Leitungen 1, 1, 1 stoppinirt, und man nimmt dazu Leitungshülsen erster Art. Mit diesen Stoppinirungen setzt man Enden von 1 bis $1\frac{1}{2}$ Fuß in Verbindung, welche in den Figuren mit

2 bezeichnet sind; sie sollen zur Verbindung der Brettchen unter sich und mit den weißen Sternen *x*, *x*, *x*, *x*, Fig. 12. und 13., der ersten Ansicht dienen und bestehn ebenfalls nur aus Hülsen erster Art. Die Röhren *a*, *a*, *a* werden ferner durch die Feuerleitungen 3, 3, 3 mit den Mündungen der Röhren *b*, *b*, *b* verbunden, damit die letztern Feuer fangen, sobald die erstern ausgebrannt haben, wodurch die Verwandlung in die zweite Ansicht hervorgebracht wird; von diesen Leitungen gehn wieder die Enden 4, 4, 4 aus, welche die Feuerleitung zu den gelben Sternen *y*, *y*, Fig. 12. und 14., der zweiten Ansicht herstellen sollen; sowohl die Stoppinirungen 3 als 4 erhalten Leitungshülsen 2ter Art. Wäre mit dieser 2ten Ansicht noch eine 3te verbunden, welche nach ihr folgen sollte, so würden (beiläufig) die Enden der Röhren *b*, *b*, *b* durch die Stoppinirung 5, 5 mit Hülsen 2ter Art vereinigt, und die Leitung durch ein Loch des Brettchens nach den Feuerwerksstücken der 3ten Ansicht hingeführt werden.

Wie die Brettchen mit ihren Stoppinirungen nun vorbereitet sind, werden sie mit einer Oelfarbe, am besten schwarz, wenn sie längere Zeit liegen sollen, angestrichen, wobei Nichts von der Farbe verschont bleibt, sondern Holz, Röhren und

Stoppinirung ihren Anstrich erhalten. Sollen sie nach einem, oder nach wenigen Tagen abgebrannt werden, so nimmt man Leimfarbe dazu, welcher eine ziemlich starke Portion Alaun zugesetzt ist.

Nachdem das Mosaik aufgestellt ist, auf die Weise, wie es in Fig. 12. dargestellt, wobei besonders zu bemerken, daß die Ständer, welche die Sterne x und y enthalten, etwa um 2 bis $2\frac{1}{2}$ Fuß gegen die Ständer, an welchen die Brettchen mit Fontainen genagelt sind, zurückstehn müssen, damit die Sterne y, welche erst in der 2ten Ansicht brennen sollen, von den Strahlen der Fontainen in der 1sten Ansicht nicht entzündet werden, geschieht die Stoppinirung der ganzen Fronte auf die Art, wie es in der Figur angedeutet. Die Leitungen 2, 2, 2 sind die Verbindungen der in Fig. 11. angedeuteten, mit gleicher Zahl bezeichneten Stoppinirungen; die mit I. bezeichneten Leitungen bilden die Hauptfeuerleitung, welche von dem Anzündungspunkte II. ausgeht und ihre Zweige zwischen alle einzelne Ständer verschickt, damit überall möglichst gleichzeitig das Feuer hingelange. An alle Durchschnittspunkte von den Leitungen I. mit 2 sind Löcher in die Hülsen geschnitten, und zwischen den Stoppinen ist Kommunikation. Alles ist dicht verklebt, damit nirgends eine Oeffnung vorkommt, wodurch ein zu frühes Zünden an einer unrechten Stelle herbeigeführt werden könnte. Zu dieser ganzen Stoppinirung werden Leitungshülsen erster Art genommen. Wie die zweite Stoppinirung geführt werden muß, ist aus allem Vorhergehenden wohl klar; wir haben sie an einer Stelle durch die mit 4 bezeichnete punktirte Linie angedeutet; die 2te Stoppinirung erhält durchweg Leitungshülsen 2ter Art.

Wir glauben jetzt die Anfertigung eines Mosaiks hinlänglich deutlich beschrieben zu haben, und es kann nach den angegebenen Grundzügen nicht schwer werden, es noch auf andere Art einzurichten, was besonders bei Wiederholungen von Feuerwerken an ein und demselben Ort nöthig wird, wo immer neue Formen dargestellt werden müssen, um das Interresse der Zuschauer jedesmal aufs Neue anzuregen. So kann man z. B. die obere Linie des Mosaiks mit einer sägenförmig gestellten Garnitur von Fontainen versehen, welche an Latten aufrecht stehend angebunden sind; man kann ferner am Fuß des Mosaiks, wenn man die unterste Brettchenreihe etwas höher legt, gruppenweise fächerförmig aufgestellte Fontainen brennen lassen; man kann, anstatt der Sterne, kleine einfache Räder, oder umlaufende Stäbe in der einen Ansicht anbringen, ja das ganze Mosaik mit einem Rahmen von kleinen Rädern in verschiedenen Farben umgeben u. s. w.; kurz, es giebt für dieses, wie für alle zusammengesetzte Stücke, die mannigfaltigsten Kombinationen, und es kann einem thätigen und umsichtigen Kunstfeuerwerker nie an Abwechselung fehlen.

Dekorationen mit Feuerwerkslichtern oder Lanzen (Lanzenfeuer).

Die Sätze, so wie die Anfertigung der Lichter sind früher angegeben, und es ist nur noch zu bemerken, daß alle zu einer Dekoration zu verwendenden Lichter möglichst gleiche Brennzeiten haben müssen, was hier allerdings nicht so genau zu erreichen, wie bei den stark verdichteten Treibesätzen, dem man jedoch durch möglichst festes Stopfen ziemlich nahe kommen kann.

Die Figuren, welche mit Lanzenfeuer dargestellt werden sollen, muß man jedesmal ihrer ganzen Form nach in Brettern ausschneiden, und es wird den Effekt sehr erhöhen, wenn man die Bretter mit der Ergänzungsfarbe zu der Farbe, in der die Lichter brennen, anstreicht. Die Befestigung der Lanzen auf den Brettern geschieht am besten dadurch, daß man mit einem Centrumbohrer Löcher von etwa ½ Zoll Tiefe in die Bretter bohrt und in diese Löcher die Lanzen einleimt. Eine nicht unangenehme Zugabe zu der Wirkung des Lanzenfeuers besteht darin, daß man den größten Theil, oder auch alle Lanzen einer Dekoration mit kleinen Schlägen versieht, wodurch es bewirkt wird, daß die brennende Figur mit einem großen Geprassel, einem lebhaften Tirailleurfeuer nicht unähnlich, verlischt. Diese Schläge macht man am besten aus Kartenblättern über einen Winder, welcher mit den zu verwendenden Lanzen gleichen Durchmesser hat, und würgt sie an dem einen Ende ganz zu. Nachdem sie mit etwa $\frac{1}{8}$ bis $\frac{1}{4}$ Lth. Kornpulver gefüllt worden, werden sie dicht über dem Pulver so weit zugewürgt, daß nur eine kleine Oeffnung zum Zünden des Pulvers übrig bleibt. Ueber diesem durch das Würgen entstandenen Halse bleibt noch ein cylindrischer Theil der Hülse vom Schlage stehn, und in demselben wird die am Ende abgeschnittene Lanze eingeleimt, die dann, wenn sie ausgebrannt, den Schlag entzündet. Auf welche Weise man die Farben zusammenstellen muß, ist bereits erklärt worden; die Stoppinirung der Lanzen geschieht dadurch, daß man durch jede einzelne Lanze dicht unter der Anfeuerung ein Ende Zwirn mit einer starken Nadel zieht und die Leitung, in deren Hülse man ein Loch geschnitten, welches groß genug ist, um die Lanze aufzunehmen, damit die Stoppine die Anfeuerung der Lanze berührt, über letztere legt, mit dem Zwirn festbindet und dann mit einem Streifen Druckpapier dicht verklebt. Auf solche Weise werden alle Lanzen unter sich verbunden, und die Hauptleitung wird nach gleichen Grundsätzen geführt, wie dies bei dem Mosaik angegeben worden. Zu allen Leitungen nimmt man Leitungshülsen erster Art. Die hauptsächlichste Anwendung des Lanzenfeuers findet bei großen ausgedehnten Fronten, welche architektonische Gegenstände vorstellen, oder bei Namenszügen und den Feuerwerksstücken, welche als Symbol der Veranlassung des Feuerwerks aufgestellt sind, statt, und sie geben eine sehr angenehme und glänzende Wirkung bei allen den Theilen des Feuerwerksstückes, die von größerem Umfang sind und großartige Umrisse haben. Kleinere Formen, die nur durch die Schärfe der Umrisse hervortretend sich deutlich und schön zeigen, wie z. B. Vasen, Arabesken u. s. w., sind nicht gut im Lanzenfeuer darzustellen, vielmehr wird Klebfeuer und Spiritusfeuer dazu verwendet werden müssen; und bei einer nur einigermaßen ausgedehnten Fronte von der oben bezeichneten Art wird man jedesmal alle 3 Arten von Feuer vereint anwenden müssen. Bei Anwendung des Klebfeuers muß man den darzustellenden Gegenstand in Blech ausschneiden, den Rand etwa

$\frac{1}{8}$ Zoll hoch rechtwinklicht umbiegen (umbärteln) und die ganze Fläche hin und wieder mit aufrechtstehenden Nieten, oder kleinen Blechplättchen versehn, damit der Satz, welchen man in flüssigem Zustande hineingedrückt, festgehalten wird. Die ganze Satzfläche wird dann mit einem Anfeurungs-Teige von 1 Theil schwarzem und $1\frac{1}{2}$ Theil grauem Satz mit Spiritus angerührt bestrichen und mit schwarzem Satz eingepudert. Für Spiritusflammen umwickelt man die von Blech ausgeschnittenen Figuren mit Hanf ganz dicht, und diesen noch ganz weitläufig mit feinem Eisendraht. Die so vorbereiteten Stücke müssen erst ganz kurz vor dem Anzünden mit der erforderlichen Auflösung (die je nach der Farbe, welche die Flamme erhalten soll, aus der in der 1sten Abtheilung für diesen Zweck angegebenen Mischung gewählt wird) stark angefeuchtet werden, weshalb sie so angebracht sein müssen, daß man sie von dem Gestell leicht abnehmen und wieder daran befestigen kann; da sie sehr ruhig brennen, genügt es, sie auf Nägeln an ihren Ort zu hängen. Die Klebfeuer sowohl, als die Spiritusflammen brennen meistentheils länger, als die Lanzen, und zwar so bedeutend, daß diese Ungleichheit durch Verlängerung der Lanzen ohne andere Nachtheile nicht auszugleichen ist. Um diesen Uebelstand zu heben, versieht man das Gestelle *A* Fig. 15., an welchem die Figuren mit Kleb- oder Spiritus-feuer aufgehängt werden, unten mit einem cylindrischen Schlage *C*, welcher als Zapfen dient, um dies Gestell auf dem Hauptgerüst *E* in dem Loche *D* zu befestigen. Dieser Schlag ist durch eine Leitung 2ter Art mit mehrern Lanzen des Feuerwerksstücks so verbunden, daß der Schlag Feuer erhält, wenn das Lanzenfeuer ausgebrannt ist, und durch die Explosion wird die anhängende Figur zugleich abgeworfen und verlöscht. Sollte dies Letztere nicht geschehen, so kann man sie rasch mit Erde bedecken, damit sie, auf der Erde liegend, durch ihr weiter Brennen nicht störend wird.

Man findet in den Lustfeuerwerkereien noch mehrere zusammengesetzte stehende Figuren angegeben, wie z. B. Kaskaden, Sonnen, Fächer, Palmbäume, Bouquets, Pyramiden u. s. w., aber wir halten es nicht der Mühe werth, sie einzeln zu beschreiben, da ihre Form aus dem Namen hervorgeht, und die Anordnung der Fontainen für solche Figuren sich bei geringem Nachdenken aus dem, was wir beim Mosaikfeuer und an andern Orten angeführt haben, ergiebt. Auch gehört die specielle Beschreibung dieser alten Feuerwerksstücke nicht zum Zweck, den wir beim Niederschreiben dieser Blätter vor Augen hatten.

b. Zusammengesetzte bewegliche Feuerwerksstücke.

Die zusammengesetzten beweglichen Feuerwerksstücke beziehn sich alle auf die Verbindung von Feuerrädern, welche man zur Hervorbringung der mannigfaltigsten Formen mit einander vereinen kann, und wir wollen hier auf einige Zusammenstellungen aufmerksam machen, die zum Theil wenig gekannt, zum Theil ganz neu sind, wobei wieder unser Hauptaugenmerk ist, dem Feuerwerker Anleitung zu neuen Kombinationen zu geben. Die Räder sind nach der Ebene, in welcher ihre Bewegung geschieht, in Vertikal-Räder und in Horizontal-Räder einzutheilen, und in dieser Abtheilung wollen wir sie auch hier behandeln.

Vertikal-Räder.

Sie machen einen sehr schönen Eindruck, wenn ihre Feuerkreise recht voll und mannigfaltig wechselnd sind, und dies ist nur zu erreichen, wenn mehrere Räder von verschiedenen Durchmessern und in verschiedenem Feuer brennend sich um ein und denselben Mittelpunkt bewegen. Die Anordnung solcher zusammengesetzten Räderwerke ist im Ganzen einfach, und allgemein dabei zu bemerken, daß die eiserne Spindel, auf welcher sich alle Räder bewegen, so viele Absätze haben muß, als Räder darauf kommen, und daß zwischen alle Räder kugelförmig abgerundete Holzscheiben, wie schon früher erwähnt, kommen müssen; daß ferner das vorderste Rad den kleinsten, das hinterste zunächst dem Ständer den größten Durchmesser haben, und daß mit dem Durchmesser der Räder auch der Kaliber der Treibröhren zunehmen muß, und daß die Bewegung immer abwechselnd nach entgegengesetzten Richtungen geschehen muß, so daß, wenn das erste Rad sich von der Rechten zur Linken dreht, das zweite von der Linken zur Rechten, das dritte wieder von der Rechten zur linken Hand u. s. f. laufen muß.

Um unsere Ansichten über die mehrfachen Räder, die zu den schönsten drehenden Figuren gehören, noch deutlicher zu entwickeln, wollen wir ein *4faches Vertikalrad*, dessen Zusammensetzung in Fig. 16. von vorn und in Fig. 17. auf der Spindel im Durchschnitt gezeichnet ist, näher beschreiben. Wir nehmen zu dem kleinsten Rade das *Dreieck* an, zum zweiten ein *Sechseck*, zum dritten ein *Neuneck* und zum 4. größten ein *Zwölfeck*; von denen das erste mit *einem Feuer*, daß zweite mit *2 Feuern*, das dritte mit *3 Feuern*, und das vierte mit *4 Feuern* brennen, und die ganze Figur die Farben ihrer Feuerkreise dreimal wechseln soll, und zwar in den 3 Farben: Weiß, Roth und Grün. Zu dem kleinsten Rade *A* Fig. 16. kann ein Dreieck aus einem Brett von ½ Zoll Stärke, das Rad *B* kann ebenfalls noch aus einem ganzen ½zölligen Brett geschnitten werden und erhält ¾zöllige Treibröhren; das Rad *C* muß schon ein Tonnenband, oder einen starken Eisendraht zur Peripherie erhalten, welcher durch hölzerne Speichen mit der Nabe befestigt ist. Auf gleiche Art muß auch das Rad *D* eingerichtet sein, weil beide Räder sonst zu schwer werden. *C* erhält 1zöllige und *D* 1½zöllige Treibröhren. Alle Treibröhren müssen auf gleiche Brennzeit gebracht werden, was ohne Schwierigkeiten angeht, da die Brennzeiten bei hinlänglicher Verdichtung des Satzes von dem Durchmesser der Satzcylinder ganz unabhängig sind und sich nur wie die Längen der Hülsen verhalten. Bezeichnen wir die weißen Röhren mit I., die rothen mit II. und die grünen mit III., so werden diese in der natürlichen Reihe auf die Seiten der die Räder bildenden Vielecke fest angebunden, und zwar wird mit I. angefangen, auf diese folgt II., dann III., ferner wieder I., II. und III. u. s. w. Um nun die Feuerleitungen an den Treiberöhren unter sich, mittelst welcher die eine Röhre, wenn sie ausgebrannt hat, die nächstfolgende entzünden soll, anzubringen, ist es nöthig, die Farben, in welchen jedes Rad bei der ersten Ansicht, wenn es entzündet wird, brennen soll, festzustellen. Nehmen wir an, es soll:

das erste Rad *A* in weißem Feuer,
„ zweite „ *B* „ rothem „
„ dritte „ *C* „ grünem „
„ vierte „ *D* „ weißem „

brennen, so wird nach unserer obigen Bezeichnung die Mündung der Röhre I. am ersten Rade frei gelassen; die Mündungen der andern beiden Röhren werden mit den Enden der ihr vorangehenden Röhre durch eine Feuerleitung verbunden. Bei dem zweiten Rade *B* bleiben bei beiden Röhren II. die Mündungen frei; die übrigen werden auf obige Art kommunicirt. Bei dem Rade *C* bleiben die Mündungen aller Röhren III. frei, und bei dem Rade *D* wieder die Mündungen von allen Röhren I. Die andern Treibröhren werden so, wie bei dem Rade *A*, mit einander verbunden. Alle bei dieser Stoppinirung angewendeten Hülsen sind 2ter Art. Die Mündungen der frei gebliebenen Treibröhren an allen Rädern werden nur durch die in der Fig. mit 1, 1, 1 bezeichneten Feuerleitungen verbunden, und diese erhalten eine freihängende Feuerleitung aus einfachen Leitungshülsen, welche mit 2, 2, 2 bezeichnet ist. Die Räder werden, nachdem sie so weit fertig, auf dieselbe Weise, wie die Brettchen des Mosaik, angestrichen und bis zum Gebrauch trocken aufbewahrt. Beim Gebrauch wird eine eiserne Spindel *AB* Fig. 17., welche für jedes einzelne Rad einen Absatz hat, die mit den Zahlen 1, 2, 3, 4 in der Figur bezeichnet sind, angewendet und mittelst der an einem Ende befindlichen Holzschraube in einem starken, fest eingegrabenen Ständer genau in horizontaler Richtung befestigt. Auf diese Spindel schiebt man zuerst das größeste Rad *gh* und hierauf eine kugelförmig abgerundete Holzscheibe *C*, dann das nächst folgende Rad *fe*, doch so, daß es beim Brennen mit *hg* in entgegengesetzter Richtung sich drehen muß, hierauf wieder eine Holzscheibe *C* und nun das Sechseck *cd*, welches mit *gh* nach einerlei Richtung laufen soll, nun eine Holzscheibe *C* und endlich das Dreieck *ab*, was wieder mit *fe* nach einerlei Richtung sich bewegt; auf dies Dreieck kommt noch eine abgerundete Holzscheibe *C*, und dann wird ein Splint vorgesteckt. Wenn dies geschehen, werden die Kommunikationen 2, 2, 2 alle mit einander verbunden und so, wie es in Fig. 16. dargestellt ist, nach einem Punkte *P* hingeleitet, an welchem die Figur in Brand gesetzt wird. Ein so zusammengesetztes

Vertikalrad ist von ungemeiner Wirkung und imponirt weit mehr, als die sogenannte Rose, auch eine Art von Räderzusammensetzungen, die aber nichts weniger, als ihrem Namen entspricht.

Es ist leicht zu übersehn, daß bei sorgfältiger Anfertigung dieses Feuerwerkstücks beim Brennen drei besonders im Wechsel der feurigen Farbenkreise sich unterscheidende Ansichten hervortreten werden, und zwar können wir das Ganze als 4feurige konzentrische Farbenringe betrachten, von denen, wenn wir sie von der Mitte aus numeriren:

Bei der ersten Ansicht:

der erste Farbenring weiß (Rad *A* Röhre N. I.),
⸗ zweite ⸗ ⸗ roth (⸗ *B* ⸗ ⸗ II.),
⸗ dritte ⸗ ⸗ grün (⸗ *C* ⸗ ⸗ III.),
⸗ vierte ⸗ ⸗ weiß (⸗ *D* ⸗ ⸗ I.).

Bei der zweiten Ansicht:

der erste Farbenring roth (Rad *A* Röhre N. II.),
⸗ zweite ⸗ ⸗ grün (⸗ *B* ⸗ ⸗ III.),
⸗ dritte ⸗ ⸗ weiß (⸗ *C* ⸗ ⸗ I.),
⸗ vierte ⸗ ⸗ roth (⸗ *D* ⸗ ⸗ II.),

Bei der dritten Ansicht:

⸗ erste Farbenring grün (Rad *A* Röhre N. III.),
⸗ zweite ⸗ ⸗ weiß (⸗ *B* ⸗ ⸗ I.),
⸗ dritte ⸗ ⸗ roth (⸗ *C* ⸗ ⸗ II.),
⸗ vierte ⸗ ⸗ grün (⸗ *D* ⸗ ⸗ III.),

brennen, und es muß, wenn bei der Anfertigung unsere Anleitung über Verdichtung der Sätze und Bestimmung der Brennzeiten der Röhren genau befolgt worden, der Uebergang aus einer Ansicht in die andere jedesmal fast augenblicklich in der ganzen Figur statt finden. Man kann solchen zusammengesetzten Rädern dadurch noch mehr Wirkung geben, daß man alle Räder doppelt anwendet, d. h. in Fig. 16. zwei Dreiecke *A*, 2 Sechsecke *B*, u. s. w. und immer den gleichen Rädern eine entgegengesetzte Richtung giebt; die Feuerkreise werden dann sehr voll und bilden Ringe mit wellenförmigen Peripherien, wodurch die Figur an Schönheit sehr gewinnt. Weitere Combinationen bleiben dem Kunstfeuerwerker überlassen.

Horizontal-Räder.

Wir gedenken hier nur ganz kurz der gebräuchlichen Tellerräder, welche aus 2 auf einer horizontalen Scheibe um einen Mittelpunkt im Kreise herumlaufenden Verticalrädern bestehn, und der sogenannten Wechselräder oder Kapricen, die aus 2 über einander horizontal liegenden Rädern bestehn, die, fest mit einander verbunden, auf einer senkrechten Spille laufen und so stoppinirt sind, daß abwechselnd bald die Treibröhren des obern, bald die des untern die ganze

Figur in Bewegung setzen, wobei zugleich immer ein Wechsel in der Richtung der Bewegung eintritt. Beide Feuerwerkstücke sind seit den frühesten Zeiten in Gebrauch, und man findet ihre Anfertigung häufig genug beschrieben. Ein Gleiches gilt von den drehenden Kaskaden, welche aus mehrern über einander liegendeu Horizontalrädern bestehn, deren Durchmesser nach oben zu abnehmen, und ferner von den drehenden Pyramiden — Horizontalräder mit darauf gesetzten Pyramiden, die mit Lanzen dekorirt sind u. s. w. — Dagegen sind größere Horizontalräder, welche mit Versetzungen versehen, die sie während der Bewegung ausstoßen, weniger im Gebrauch, und doch ist bei sorgfältiger Anfertigung ihre Wirkung sehr glänzend, weshalb wir dieselben etwas näher beschreiben wollen. Es soll uns zur Erläuterung Fig. 18. dienen, wo wir ein Horizontalrad mit Raketen versetzt abgebildet haben. Wir nehmen an, es sei ein Sechseck, welches mit 2 Feuern, und zwar die erste Röhre weiß, die zweite blau, und die dritte gelb brennen und, nachdem immer eine Röhre ausgebrannt, 3 Stück Raketen ausstoßen soll. Das Rad wird ziemlich stark aus einer mindestens 4 Zoll langen Nabe und 6 Speichen, die einen sechseckigen Kranz stützen, gemacht; die Nabe wird an dem

Ende, wo sie bei der Bewegung ausläuft, also an dem, welches zu unterst kommt, mit einem gut polirten Messingblech beschlagen und läuft auf einer gut abgedrehten und polirten Stahlspille, die außerdem noch eingeschmiert wird, um die Reibung auf das Minimum zu bringen. Auf die Speichen des Rades kommen noch 2 Tonnenreifen, die koncentrisch um den Mittelpunkt des Rades laufen und fest genagelt sind. Zu den Treiberöhren nehmen wir wenigstens $1\frac{1}{2}$zöllige Röhren, und zwar 2 mit weißem (in der Figur mit I. bezeichnet), zwei mit blauem (II.) und zwei mit gelbem (III.) Treibesatz geladen; sie werden in der Reihefolge an das Rad befestigt, wie es in der Figur angegeben ist. Nun bedürfen wir ferner 6 Stück $1\frac{1}{2}$zöllige Fontainen, von denen 2 mit rothem (in der Figur *R*, *R*), zwei mit gelbem (*G*, *G*) und zwei mit grünem Treibesatz (*Gr*, *Gr*) geladen sind. Sie werden zunächst mit den Treiberöhren auf gleiche Brennzeiten gebracht und dann an den Stellen senkrecht auf der Ebene des Rades befestigt, wo die sie bezeichnenden Buchstaben sich befinden. Wir bedürfen ferner 18 Stück $\frac{3}{4}$zöllige Raketen mit kurzen, etwas starken und runden Stäben, von denen wir 6 Stück mit weißem, 6 Stück mit grünem und 6 Stück mit gelbem Treibesatz laden, allen aber eine kleine Versetzung von Sonnenregen geben, weshalb sie auch eine kleine Kammer erhalten; die Raketen werden bis zur Aufstellung des Rades besonders verwahrt. An die Stellen, welche die Raketen einnehmen sollen, und die in der Figur mit *w*, *g* und *gr* bezeichnet sind, befestigt man lothrecht auf die Ebene des Rades Papier-Cylinder, welche so lang, als die Raketenhülse bis an die Kammer sind, an der einen Seite aber einen Längen-Ausschnitt für die Stäbe der Raketen haben, und deren Boden mit doppeltem Papier verklebt ist. Fig. 19. zeigt in *A* einen solchen Cylinder von oben, in *B* von der Seite mit der darin steckenden Rakete. Nachdem das Rad so weit vorbereitet, geschieht die Stoppinirung und zwar zunächst die Verbindung der Treibröhren durch die Feuerleitungen 1, 1, 1 u. s. w. Von diesen aus werden die Leitungen 2, 2, 2, 2 nach den Mündungen der beiden gelben und grünen Fontainen *G*, *G* und *Gr*, *Gr* geführt. Von allen Fontainen aus, und zwar von ihrem untern Ende, leitet man die Stoppinirungen 3, 3, 3 u. s. w. nach den zur Aufnahme der Rakete bestimmten Cylindern, indem man kurz über dem Boden der Cylinder seitwärts ein Loch in denselben bohrt, durch dasselbe die Stoppine bis in die Mitte des Bodens führt und sie mit einer gut schließenden Scheibe von Zündpapier bedeckt. Alle hier genannten Stoppinirungen erhalten Leitungshülsen zweiter Art. Zuletzt werden die beiden Treibröhren *I*, *I* durch die Leitung 4 verbunden, von welcher Zweige ausgehn nach den beiden zuerst brennenden Fontainen *R*, *R* und nach dem Anzündungspunkte *P*; alle Leitungshülsen zu dieser letzten Stoppinirung können einfach sein. Das ganze Rad wird nun wie bekannt angestrichen und aufbewahrt. Beim Gebrauch steckt man es auf eine Spille, welche genau lothrecht in einem Ständer befestigt ist, und bringt dann die Raketen an ihren Ort und zwar die weißen Raketen in die mit *w*, *w* u. s. w., die gelben in die mit *g*, *g* u. s. w. und die grünen in die mit *gr*, *gr* u. s. w. bezeichneten Cylinder.

Untersuchen wir nun, auf welche Art dieses Horizontalrad beim Abbrennen sich zeigen wird, so ergiebt sich bei genauer Betrachtung der Figur und der Beschreibung, daß es in seiner Bewegung 2 mal die Farben wechselt, daß außerdem mit jeder Treibröhre auch eine Fontaine brennt und der Wechsel der Farbe jedes mal durch 6 aufsteigende Raketen, welche wegen der ihnen mitgetheilten doppelten Bewegung, einmal durch die Umdrehung des Rades, das anderemal durch ihre eigne Treibkraft einen spiralförmigen Weg beim Aufsteigen beschreiben, bezeichnet wird. Wir erhalten demnach auch hier 3 Ansichten.

In der 1sten Ansicht brennt das Rad weiß, die Fontaine roth, und es steigen beim Wechsel 6 Stück weiße Raketen auf.

In der 2ten Ansicht brennt das Rad blau, die Fontaine gelb, und beim Wechsel steigen 6 Stück grüne Raketen auf.

In der 3ten Ansicht brennt das Rad gelb, die Fontaine grün, und 6 Stück gelbe Raketen bezeichnen den Schuß.

Wir bemerken noch, daß es hier, wie bei allen Horizontalrädern gut ist, die Mündungen der Treibröhren etwas weniges nach unten zu neigen, weil dadurch die Reibung vermindert und der Feuerkreis verschönert wird. Man kann auf ähnliche Weise auch Horizontalräder anfertigen, auf welchen kleine Feuertöpfe stehn, die sich von Zeit zu Zeit entladen, doch ist die Sache etwas mißlich, weil durch den Druck der Ausstoßladung in den Töpfen das Rad selbst leicht zertrümmert oder doch in seiner Bewegung gestört wird. Wer diese Sache versuchen will, möge folgende Grundsätze dabei befolgen.

1. Das Rad selbst aus einem ganzen Brett schneiden und nur an einigen Stellen der Leichttigkeit wegen durchlöchern.

2. Die Feuertöpfe von starker Pappe zu machen und die Ausstoßladung auf das Minimum herabzusetzen.
3. Die Töpfe mit dem Boden nicht auf die Scheibe des Rades zu setzen, sondern sie durchgehen zu lassen, damit der Boden derselben unten frei ist.
4. Immer 2 einander gegenüberstehende Töpfe zugleich ausstoßen zu lassen, damit das Gleichgewicht nicht gestört wird.

Soviel über die Horizontalräder.

Feuerräder mit Mechanismus.

Wir geben hier dem Kunstfeuerwerker Andeutungen zu neuen sehr sinnreichen und fruchtbaren Kombinationen für die beweglichen zusammengesetzten Feuerwerksstücke, die, soviel uns bekannt, nur einigemal, und zwar ganz in ihrer Kindheit, aber dennoch mit außerordentlichem Erfolg von dem ältern Ruggieri bei größern Feuerwerken in Paris angewandt, aber seit der Zeit nicht weiter verfolgt worden sind, ob sie gleich, da sich so mannigfaltige Wechsel dadurch erzielen und zusammenstellen lassen, die nicht allein das schaulustige Publikum in Erstaunen setzen, sondern selbst den strengsten Kunstrichter vollkommen befriedigen müssen, der größten Beachtung werth sind.

Diese Zusammenstellungen bestehn darin, daß man die Feuerräder mit kleinen leichten Zahnrädern von Gußeisen in Verbindung setzt, welche wieder andern Feuerwerksstücken Bewegung mittheilen, so daß die Feuerräder die bewegende Kraft bilden. Man ist dadurch im Stande die Geschwindigkeit der Bewegung bei verschiedenen Stücken in ein und derselben Zusammenstellung beliebig zu modificiren, und es eröffnet sich hiermit ein weites Feld für die sinnreichsten und herrlichsten Kombinationen. So z. B. wird es mittelst solcher einfachen Räderwerke möglich sein, eine Figur zusammenzusetzen, welche die Bewegung der Erde um die Sonne und des Mondes um die Erde nach dem kopernikanischen System vorstellt, wenn man in der Mitte einer großen Scheibe durch fest angebundene Fontainenröhren eine Sonne formirt, auf dem Rande der Scheibe aber eine runde Blechscheibe, die mit weißem Klebfeuer ausgefüllt ist, als Erde herumlaufen läßt, und mittelst eines starken Drahtes den ebenfalls durch Klebfeuer dargestellten Mond so mit der Erde fest verbindet, daß er um die Erde, und mit dieser um die Sonne sich bewegt. Die Bewegung ist dadurch herzustellen, daß man hinter der großen Scheibe ein kleines Getriebe mit einem gut treibenden Feuerrade versieht und dieses Getriebe in ein etwas größeres Zahnrad eingreifen läßt, welches durch eine bewegliche Stange mit der auf dem Rande der großen Scheibe um ihre Axe beweglichen Erdscheibe verbunden ist. Sobald das Feuerrad in Brand geräth, wird auch die Bewegung der Erde, und des mit ihr verbundenen Mondes statt finden, und zwar viel langsamer als das Feuerrad selbst sich dreht. Es bedarf nur einiger Kenntniß in den Elementen der Mechanik, die man bei jedem Kunstfeuerwerker wohl voraussetzen darf, um sowohl die Anordnung des hier nöthigen einfachen Räderwerks, als das Verhältniß der Bewegungsgeschwindigkeit festzustellen. Schmückt man eine derartig angeordnete Figur noch mit verschiedenfarbigen Fixsternen aus, so muß sie einen sehr schönen Eindruck auf das Auge machen und durch ihre scheinbar zusammengesetzte Bewegung sehr überraschen.

Eine andere Zusammensetzung, die nicht minder auffallend und angenehm erscheint, besteht darin, daß man 2 große Vertikal- oder Horizontalräder, letztere vielleicht noch mit Pyramiden verziert, etwa 10 bis 12 Schritt von einander entfernt, aufstellte, und zwischen ihnen ein leichtes hölzernes Gitterwerk, dessen Stäbe alle nach Art eines Storchschnabels beweglich sind, anbringt. Die Feuerräder sind mit einem Getriebe versehn, welches in ein Zahnrad eingreift, das mit einem Krummzapfen der Art mit dem Gitterwerk in Verbindung steht, daß letzteres bei der Bewegung wie ein Parrallellineal sich immer hin und her schiebt, wobei die horizontalen Stäbe sich abwechselnd einander nähern, sich dann wieder von einander entfernen, die vertikalen Stäbe aber abwechselnd aus der vertikalen in eine schräge Lage versetzt werden; garnirt man die ganzen Stäbe mit Lichtern oder Lanzen, so wird diese Zusammenstellung eine Front bilden, welche auf den Flügeln drehende Pyramiden oder Vertikalräder und in der Mitte ein bewegliches Mosaik hat. Diese beiden Beispiele werden hinreichen die Mannigfaltigkeit, welche in die beweglichen Feuerwerksstücke durch Anwendung von Räderwerk gebracht werden kann, zu zeigen, und es kann nicht fehlen, daß das Interesse, welches diese Zusammenstellung bei dem Kunstfeuerwerker selbst erregen muß, und der Reiz der Neuheit, welcher solchen in der That neuen Erscheinungen in der Feuerwerkerei nicht fehlen kann, bald zu weitern Fortschrittten hierin führen wird, wenn nur erst der Anfang gemacht worden ist; wie er zu machen sei, glauben wir hinlänglich bezeichnet zu haben.

c. Zusammensetzungen von stehenden und beweglichen Feuerwerksstücken.

Die Schwierigkeit solcher Zusammensetzungen beruht, namentlich, wenn man das Feuer von einer beweglichen auf eine stehende Figur übergehen lassen will, besonders in der Führung der Feuerleitung; die Verbindung einer stehenden Figur mit einer beweglichen ist leicht und deshalb auch am meisten zu empfehlen. Die Zusammenstellung der einzelnen Stücke zu einem ganzen hängen von dem Geschmack des Feuerwerkers ab, wir erwähnen nur einer sehr einfachen Kombination, wo ein Mosaikfeuer, was, wie bereits früher angegeben worden, sich zuletzt in eine Front von lauter Rädern oder drehenden Sonnen verändert, was sehr leicht dadurch zu bewirken, daß man die Sonnen an dieselben Ständer und auf dieselben Stellen anbringt, wo die Sterne der zweiten Verwandlung stehn sollen, die Spillen aber, worauf die Sonnen sich drehn sollen, vorn mit einer Spitze versieht und auf diese die Sterne der 2ten Mosaikansicht befestigt, welche an dem untern Ende ihrer Röhren durch eine Feuerleitung mit den Sonnen in Verbindung stehn, so daß sie, wenn sie ausgebrannt sind, die Sonnen entzünden.

Soll das Feuer von einem beweglichen Stück auf ein stehendes übergehn, so erfordert dies eine ganz besondere Einrichtung der Spindel, auf welcher die bewegliche Figur läuft, und der Nabe der Figur selbst. Wir haben versucht in Fig. 20. diese Einrichtung zu verdeutlichen, wo *BC* ein Feuerrad vorstellt, welches irgend eine stehende Figur, nachdem es ausgebrannt hat, anzünden soll; die Nabe *A* dieses Rades ist in der Richtung *ab* durchbohrt und durch diese Durchbohrung wird die Feuerleitung von dem Ende der letzten Treibröhre des Rades geführt, und das bei *b* hervorragende Ende gut angefeuert; die Spindel *DE* hat eine Kapsel oder Büchse *cdgh*, welche bei *c* und *h* mit einem etwas umgebogenen Rande versehn, der in eine Vertiefung der Nabe greift, damit in diese Büchse nicht durch Zufall von den herumfliegenden Funken Feuer gelangen kann; bei *fe* ist die Büchse an 2, der Sicherheit wegen auch wohl an 3 Stellen durchbohrt, und diese Löcher nehmen die zu der feststehenden Figur führenden Stoppinirungen auf, deren bei *f* etwas hervorragendes Ende gut angefeuert sein muß; es versteht sich von selbst, daß man zu diesen Stoppinirungen lauter Leitungshülsen zweiter Art wählt, damit sie durchaus vor zu frühem Feuerfangen gesichert sind. Daß man auf gleiche Weise auch mehrere bewegliche Stücke mit einander verbinden kann, ist leicht begreiflich, weshalb davon, so wie von der Wahl der Stücke zu dergleichen Zusammensetzungen Nichts weiter berichtet wird. Um den Uebergang recht scharf zu bezeichnen, ist es gut, auf eine bewegliche Figur immer ein Stück folgen zu lassen, welches in Flammenfeuer (Lanzen oder Lichtern) brennt.

Schluß.

Wir beschließen hiermit diese unsere Beiträge, können aber nicht vom Leser scheiden ohne noch allgemein ein Paar Worte über die Anordnung eines Feuerwerks niederzuschreiben, weil wir auch hierin gar zu oft die auffallendsten Mißgriffe erlebt haben. Es kommt bei der Anordnung eines Feuerwerks besonders auf den Zweck an, den dasselbe hat, und da es meist zur Feier irgend einer Festlichkeit dient, so wird es Hauptsache des Künstlers sein, sowohl die Wahl der Stücke, als die Aufstellung u. s. w. dem Charakter des Festes anzupassen. So z. B. würden bei einem Feste, welches einen friedlichen Charakter hat, wie z. B. ein Erndtefest, außer einer passenden Dekoration zur Hauptfigur, alle anderen Stücke so gewählt werden müssen, daß sie weniger Getöse, sondern recht voll brennende in die Augen fallende Vorstellungen bilden. Schläge werden möglichst wenig sein müssen. Sollte ferner der Geburtstag einer Dame durch ein Feuerwerk gefeiert werden, wird man gar keine Schläge wählen, dagegen alle Stücke in recht brillanten Farbenwechseln brennen lassen, und besonders viele Lanzen- und Lichterfeuer anwenden; auch wird für solchen Zweck eine Erleuchtung des Theaters mit farbigen Lampen sehr zweckmäßig sein, wozu man die Gläser unten mit farbigem Wasser füllt und darauf das Oel gießt, auf welchem der brennende Docht schwimmt. Die farbigen Wasser erhält man am besten auf folgende Weise:

Rothes Farbenwasser, eine Abkochung von Fernambuck mit Alaun in Wasser, und die Flüssigkeit filtrirt.

Blaues Farbenwasser, eine Auflösung von Indigo in Schwefelsäure mit Wasser verdünnt.

Gelbes Farbenwasser, eine Abkochung von Safran mit Alaun in Wasser, und die Auflösung filtrirt, oder: eine Auflösung von doppelt chromsaurem Kali in Wasser.

Grünes Farbenwasser stellt man durch Vermischung des Gelben mit Blauen her.

Violettes Farbenwasser wird durch Vermischung des blauen und rothen Wassers erzeugt.

Orange erhält man durch Vermischung von roth und gelb.

Soll eine Schlacht oder andere kriegerische Begebenheit gefeiert werden, so sind die rauschendsten Feuerwerksstücke zu wählen und überall wo es nur thunlich ist muß man Schläge anbringen. Auf solche Weise ist immer der Charakter des Festes auch in der Darstellung des Feuerwerks festzuhalten, und es kann nicht fehlen, daß dann der Feuerwerker bei allen Gelegenheiten, wo er sich sehn läßt, mit allgemeinem Beifall auftreten wird; überhaupt glauben wir, wird dem Kunstfeuerwerker durch diese unsere Beiträge der Weg geöffnet sein, auf dem er in seiner Kunst fortschreiten muß, um ihr den Namen einer Kunst mit Ehren zu retten, und selbst als Künstler in seinem Fach sich ausbilden zu können. Wir wünschen, daß unsre Lehre nicht überall auf unfruchtbaren Boden fallen möge.

Sollten unsre Beschäftigungen, die sehr ernster Natur sind, uns einst mehr Zeit gewähren, wie bisher, so könnte es wohl kommen, daß wir, dieser sogenannten Lust-Feuerwerkerei auch mehr Zeit widmeten, und ein vollständiges Handbuch dieser Kunst dem betreffenden Publikum übergeben würden; vorläufig mögen diese Beiträge genügen.

Druckfehler.

Taf. 1. in Fig. 3. sind die Spitzen der Dreiecke *abc* und *cdf* abzurunden.

Taf. 2. in Fig 11. fehlen an den in den Diagonalen der viereckigen Platte liegenden Röhren die Buchstaben *bb* und an den andern Röhren die Buchstaben *aa*.

Taf. 2. Fig. 12. sind auf den kürzern Ständern an den mittlern weißen Kreisen (Sternen) die Buchstaben *y*, *y* und an den obern und untern Kreisen die Buchstaben *xxxx* zu setzen.

Taf. 3. Fig. 16. erhalten alle geradlinigen Kommunikationen die Zahlen 1, 1, 1, alle krummlinigen die Zahlen 2, 2 u. s. w.; an dem Ende der letztern fehlt der Buchstabe *P*.

Taf. 4. Fig. 17. fehlen in der schwarz gezeichneten Spindel, an den Absätzen derselben, die Zahlen 1, 2, 3, 4.

Taf. 4. Fig. 18. soll überall statt der Zahl 23 ein *w* stehen.

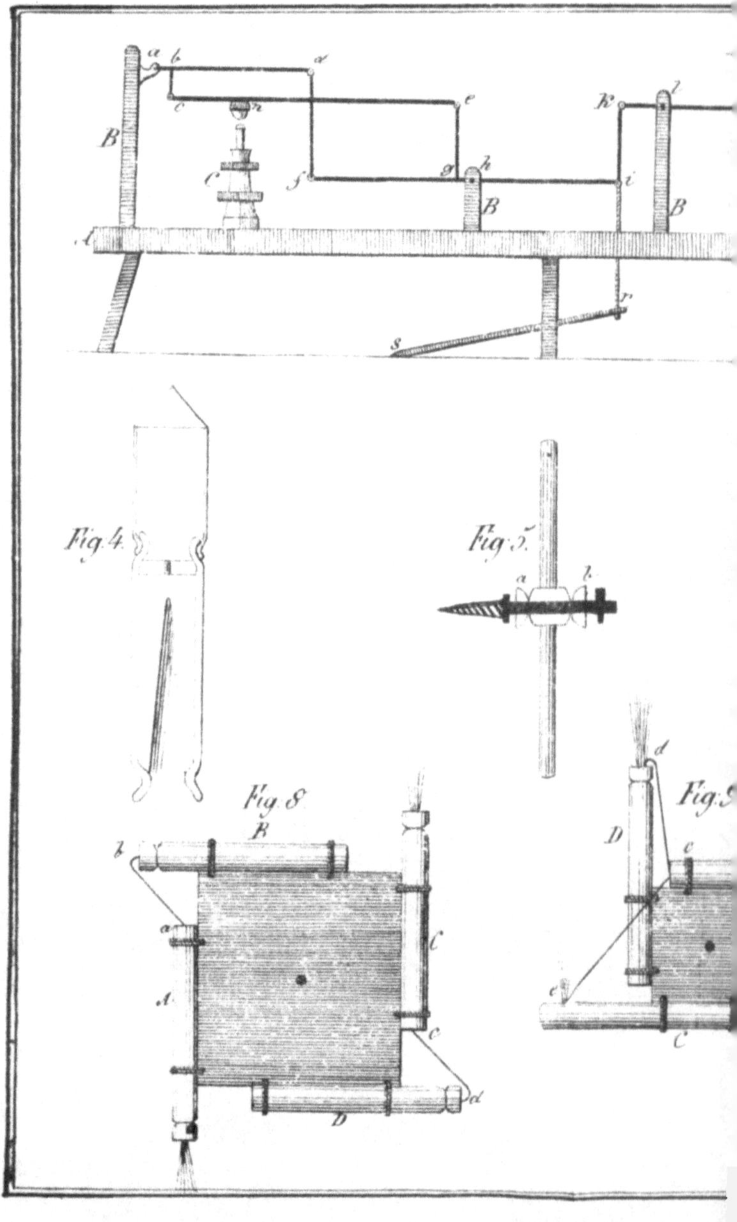
Fig. 4.
Fig. 5.
Fig. 8.
Fig. 9

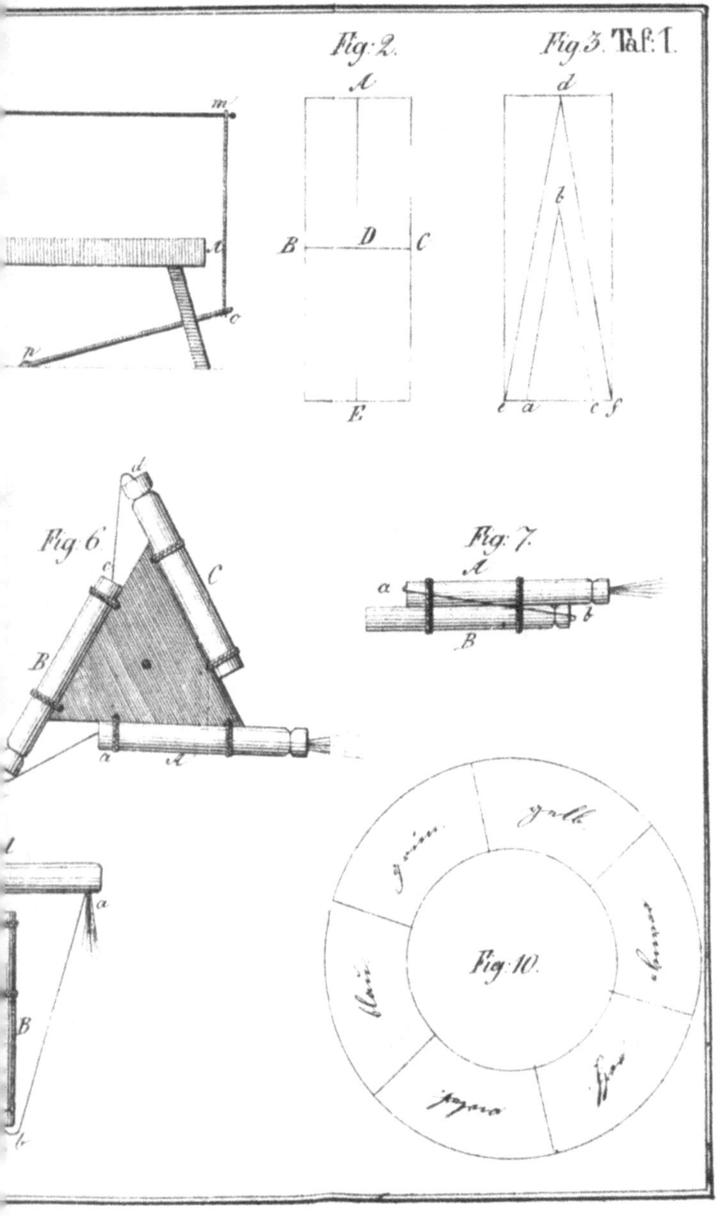
Fig: 2.
Fig. 3. Taf: I.
Fig: 6.
Fig: 7.
Fig: 10.

Fig: 11. A

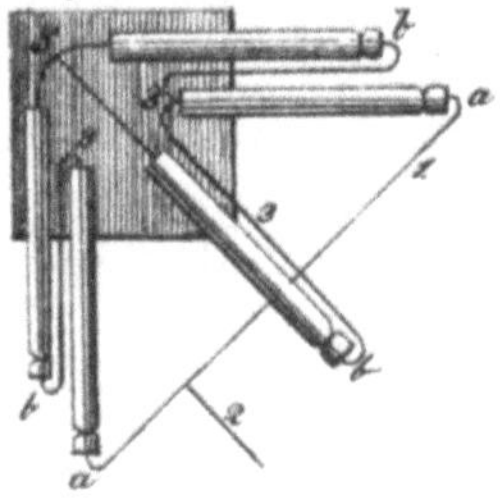

Fig: 11. B.

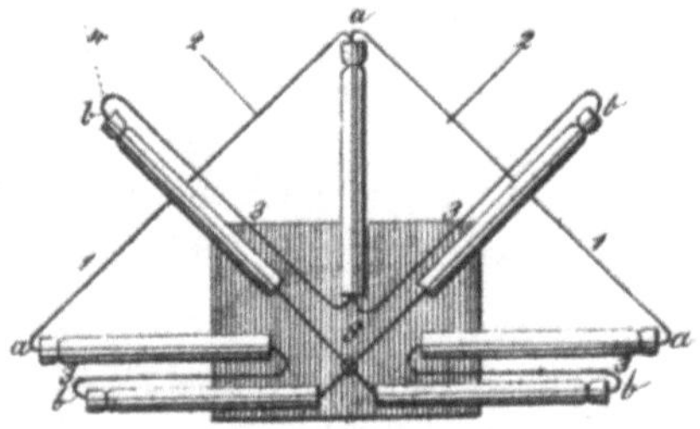

Fig: 11. C.

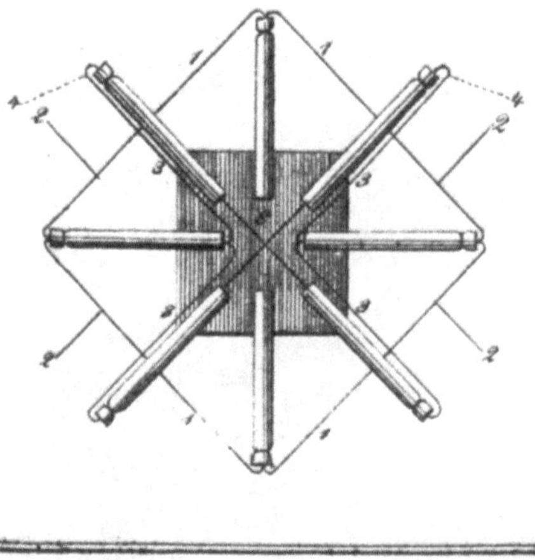

Taf: 2.

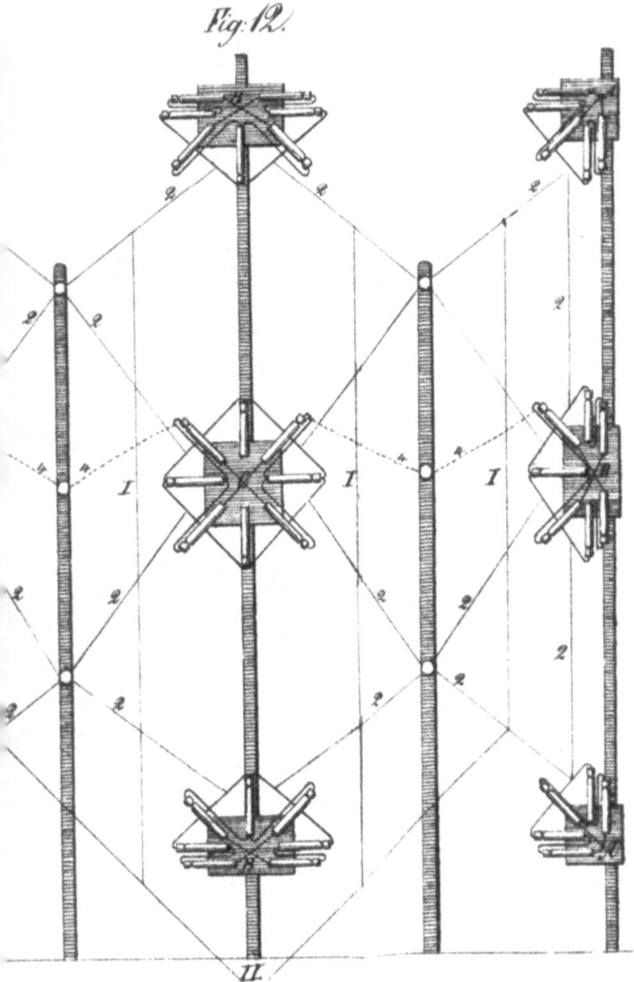

Fig: 16.

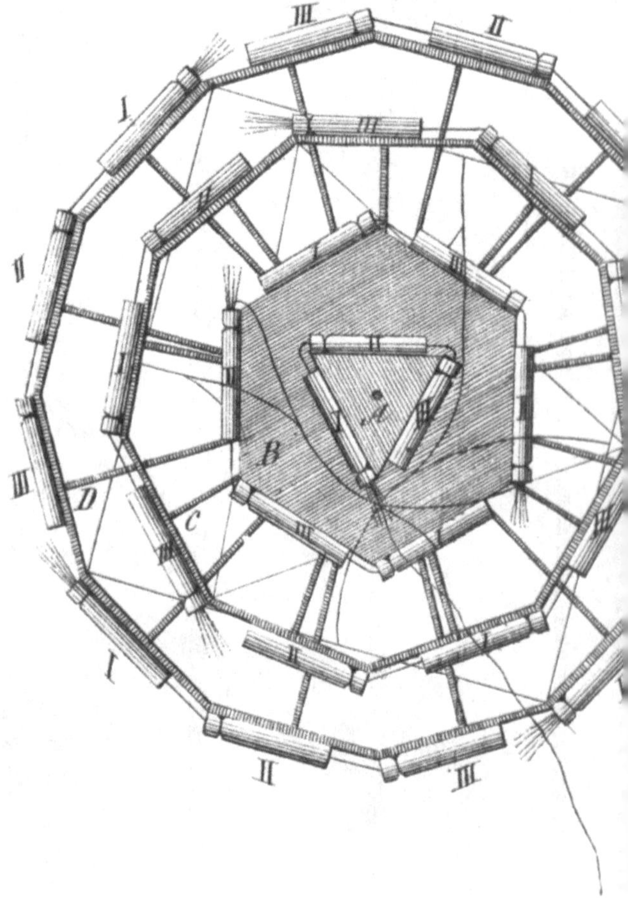

Taf: 3.

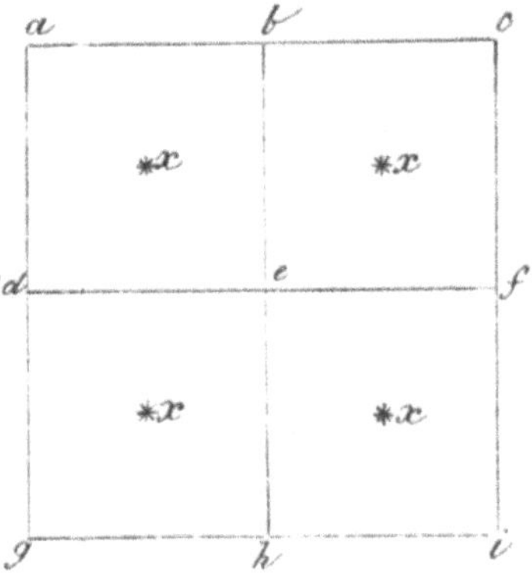

Fig: 13.

Fig: 14.

Fig: 15.

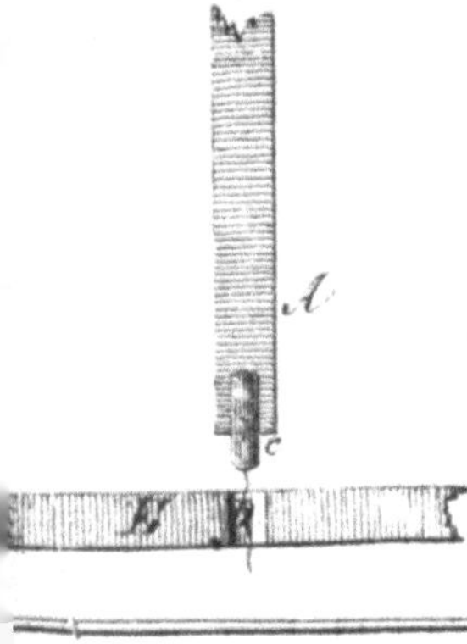

Fig: 20.

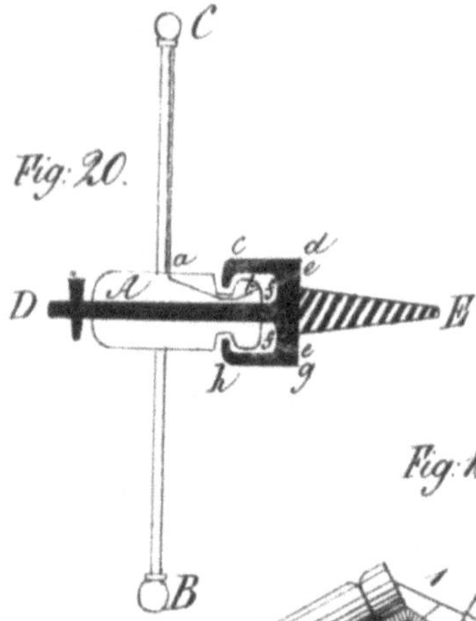

Fig: 18.

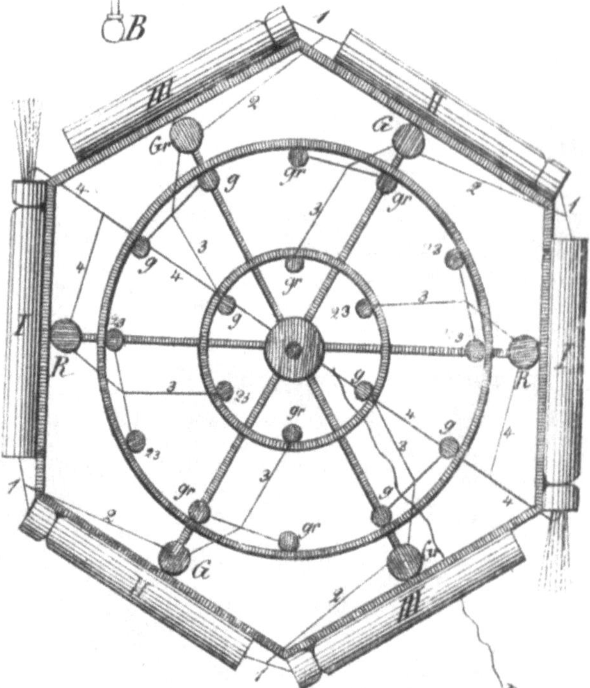

Taf: 4.

Fig: 19.

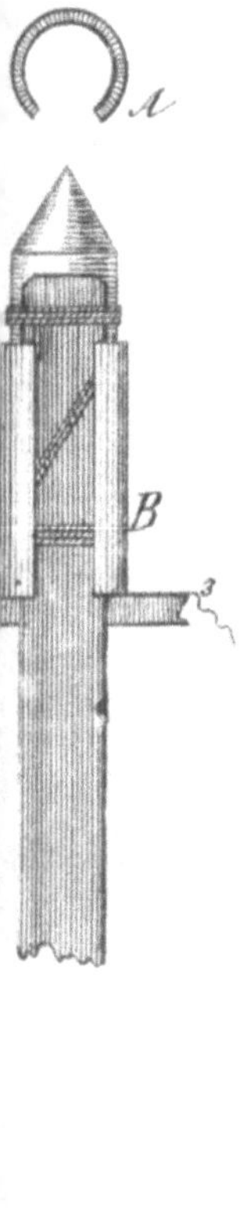

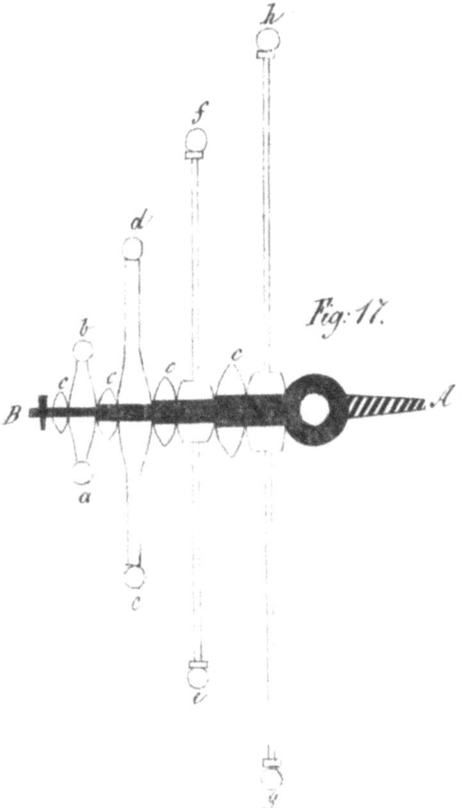

Fig: 17.